见识城邦

更 新 知 识 地 图　　拓 展 认 知 边 界

存在与科学

一位科学家对存在大问题的探索

ON BEING

A Scientist's Exploration
of the Great Questions of Existence
Peter Atkins

［英］彼得·阿特金斯 著 张鑫 译

中信出版集团｜北京

图书在版编目（CIP）数据

存在与科学 / (英) 彼得·阿特金斯著；张鑫译
. -- 北京：中信出版社, 2021.6
书名原文：On Being：A Scientist's Exploration
of the Great Questions of Existence
ISBN 978-7-5217-3078-4

Ⅰ.①存… Ⅱ.①彼… ②张… Ⅲ.①自然科学—普
及读物 Ⅳ.①N49

中国版本图书馆CIP数据核字(2021)第070971号

存在与科学

著　　者：[英] 彼得·阿特金斯
译　　者：张鑫
出版发行：中信出版集团股份有限公司
　　　　　（北京市朝阳区惠新东街甲4号富盛大厦2座　邮编　100029）
承 印 者：天津丰富彩艺印刷有限公司

开　　本：880mm×1230mm　1/32　　印　张：5.75　　字　数：73千字
版　　次：2021年6月第1版　　　　　印　次：2021年6月第1次印刷
京权图字：01-2019-3187
书　　号：ISBN 978-7-5217-3078-4
定　　价：48.00元

目录

序言

 从古至今，科学方法的作用乃是阐明一切概念，尤其是那些从意识萌芽以来就一直困扰着人类的概念。它不仅能解释爱、希望与仁慈，还能阐明那些创造人类成就的伟大启示，比如七宗罪中的傲慢、嫉妒、暴怒、懒惰、贪婪、暴食和色欲，都可以用科学方法加以诠释。不过本书所涉及的内容并没有那么宽泛：我只会考虑与存在相关、几千年来一直都是神话灵感来源的重要问题，研究如何用科学去解释这些问题，在揭去其神秘面纱的同时保持人们的兴趣和遐想。于是，宇宙和人类自我的诞生及其终结便成了我所关注的焦点。

我们会在愚昧和希望所共同创造的神话中东寻西觅，为了不迷失方向，我希望能先从广义上确立对科学方法的本质及可能存在的局限性的认识。总的来说，很少有人会否定科学在创新制造及创新应用方面所发挥的重要作用，因此我们不用在这个问题上耽误时间。在此我也不想讨论这些创新是否在总体上增加了人类的幸福感，因为它们既会带来疗效显著的药品、优质充足的食物、做工精良的衣服、快捷便利的交通、丰富多样的娱乐，也会产生高效的杀戮方式、环境破坏、对他人有意无意的伤害，让社会为之付出代价。实际上，我所关注的是科学方法能否阐明人类高度关注的问题，在消除人们的无知的同时依然能够保持其求知的欲望。

　　在人类的历史中，科学方法出现得很晚。人类花了数千年的时间才跌跌撞撞地发现了这种在今天看来非常简单明显、以事物观察和意见比较为核心的探索模式。当然，观察和比较都十分复杂，毕竟科学研究不是轻松愉快地在大自然中走走瞧瞧。首先，观察是对自然现象的人为控制和掌握：打个比方，家猫可以成为被观察的对象，但是老虎却不行，因为后者未被驯化，无法为人所控。其次，观察要稳定，不能轻易地受到其他因素的干扰：观察一定要专注且独立地进行。最后，观察要客观，不能一味地表达偏见和成见：观察必须经过实验的验证。至于意见比较则不能沦为闲聊：专家的详细审查和评估至关重要。尽管审查严格，但由于评审者松懈或被送审者欺骗，错误有时还是会有意无意地出现，但不会一直存在，因为自始至终的审查终会将其发现并进行纠正。实际上，结论越离奇，想法越大胆，对想法的审查和评估就会越严格。

观察与数学的结合十分密切。人类——或许是由于某种社会学的因素，通常是人类——已经发展出了一套极其凝练且强大的语言，那就是数学。事实证明，数学可以作为绝佳的工具来客观地梳理极具想象力的思维产物或作为突发奇想的基础支撑，这样它们才能在观察和预测方面经得起严格的定量比较的考验。我还要补充一点，虽然本书中没有直接出现数学方面的内容，但数学的确是一块隐藏在本书中的深层基石。

然而并不是所有的科学研究都在实验和数学这对伟大组合的支持下飞速发展。达尔文并没有将他的自然选择理论用一组数学公式来表达，但其理论的作用却非比寻常。他的思想在这一理论的多个层面都有所体现，可以通过数学方法加以解释，从而显著增强该理论的效用。就其本质而论，自然选择理论虽不是数学理论，却也毫不逊色于数学理论。说它是有史以来最有影响力的理论之一也毫不为过。如果自身漏洞百出，它又怎会由一粒思想的种子发展成繁盛的理论森林呢？

简而言之，科学的中心原则是公开分享我们称之为实验的可控观察，并在适当的情况下运用严谨的数学逻辑对其进行指导、强化与发展。

科学方法本身就讲这么多。那么它可以运用到哪些方面？它的局限性又体现在哪里？我认为没有什么是科学方法所不能解释的。因为除了有些畏惧其光芒的人所下的论断之外，它尚未遇到任何阻碍。我乐观地相信，科学方法的光芒可以触及任何角落，尤其是它可以取代（甚至可以揭示）神话，从而解答与存在相关的一切重要问题。

我很清楚，仅仅根据前面所述的内容来判断科学方法十分有用并不能让人信服。而且我也意识到，那些也许在潜意识里担心科学进步的人——还有某些行事谨慎的科学守护者，他们在科学哲学家中属于较为悲观的一类——会声称，科学只会去选择一些可以被科学方法有效解决的问题进行研究，并且会在不明或明知其研究方法拙劣的情况下绕开某些难题，挑选适合自己的课题进行研究。总之，某些人认为科学研究存心避难趋易，这种做法好比《圣经》中的牧童大卫有意去寻找一位跛脚的对手而不是那个骁勇善战的巨人歌利亚来决斗，为的是更加轻松地将其杀死。

话说回来，既然科学方法的作用如此之大，那为什么仍存在让人难以理解的事物呢？其一，某些人认为某种现象可能存在于物质世界之外的精神世界，他们猜测二者相邻但有一界之隔，在物质层面很难接近精神世界。这种观点如同海妖塞壬的诱人歌声一样容易让人产生错觉，但对于我们这些不相信精神世界存在的人来说就没有多大意义了。我们承认，有很多人主观地认为现存的一切并不都是物质的，但由于无法客观地证明非物质的存在，而且人对非物质的向往是极度感性的，因此我们无法完全理智地接受只有物质存在的现实。情感或许是一股无法阻挡的精神动力，但是渴望这种情感本身并不能充分证明人们所渴望的事情就一定会发生。我们会渴望着彩票中奖，但这种情感却不能让我们更容易地实现该愿望。那些宣扬精神的人或许会说，他们打心底里知道这个世界上并不是只有物质存在，但是心可不是储存知识的可靠器官。假如有投票的机会，那么全球将会有数十亿人投票赞成在这个世界上并不是只有物质和辐射存在。但这样的做法同样没有什么道理可言，因为真理并不是通过多数票产生的。

其二，某些人认为某些事物是隐秘的，是主观的、内蕴的，而科学是杂乱的、冷酷的，太过注重外在并强调客观与公开，因此无法窥探其中的奥妙。但科学能够透过人的大脑，洞察人的思想，这通过神经科学及其不可或缺的心理学就可以做到。二者虽仍处于新兴阶段且还未发展为成熟的科学，但却可以穿透颅骨的保护，在各个层面揭示大脑所产生的观念、感想以及它们的存在机制。

其三，或许有些人不希望某些神秘的现象被冷静客观地分析出来。他们珍视自己对这些现象的主观感受，并且不希望它们遭到破坏性的分解，或许也不希望它们因此而被削弱，甚至被彻底摧毁。但我并不这样认为。在自己的"神秘花园"中把微妙的感受保护起来并不能有效地反对科学，科学有能力去阐释人类最为隐秘的体验。

如果一切事物都是物理的（physical）、物质的

（material）世界¹的体现，那么我看不出物质世界有对科学研究封闭的迹象。在这种情况下，"科学研究"听起来像是一种冷酷无情的行为，针对某些人类关注的敏感问题进行研究是令人厌恶的，但我真正的意思是期望公众能够理解，这些问题像任何其他物理现象一样能够进行开放研究。

此外，我认为还有一点适合在这本深入探讨人类重大问题的书中提出：科学是一条流动的思想之河，新的思想随着支流不断汇入，这条河越来越壮阔，偶尔也会出现一个全新的理解的漩涡，搅动并推翻那些曾被认为颠扑不破的真理。因此，在物理科学领域，亚里士多德让位给了伽利略，伽利略让位给了牛顿，牛顿让位给了爱因斯坦，至

1　也许会让哲学家们感到厌恶的是，我会交替使用"物理的"和"物质的"这两个词，并且我不会对自然主义(naturalism，广义上认为万物都源于自然世界并且不涉及超自然力量的观点)和唯物主义(materialism，广义上认为万物都具有物质的属性)加以区分。

于爱因斯坦让位给谁，只有天知道了。据称，许多科学认识都像蜉蝣的生命一样短暂，要么需要进一步的研究，要么被取而代之，那我怎样才能合理地宣称科学有能力去一劳永逸地阐明那些重大问题呢？

要想做到这一点，既难也简单。如果我的论述是对观察的回顾，就像回顾伴随着出生和死亡的有机过程一样，那么这些观察被推翻的可能性几乎为零。我认为所有存在的一切都可以通过物质及其相互作用来解释。当然，我所描述的一般细节和显著特征仍需详细周密的研究，但它们是客观存在并且始终可以被观察到的，并不是"短命"的理论。然而如果我所论述的是物理学边缘的理论认识，那么随着我们对物理现实和宇宙学的理解不断加深和完善，该论述很可能会完全改变，我对此表示完全赞同。但是我的那些论述会清楚地表明，我们目前所创造的理论相当于航点，标示出我们与我们自认为的真理之间的距离以及我们与神话的距离。我们可能还有很长的路要走，这无须隐瞒，但希望乐观的情绪不要被破坏，我们终将成功地走完这趟旅程。在完全理解与完全不理解——目前尚未证实的乐观推测——之间存在某些中等程度的理解，比如我对物种起源的论述。它们的核心论点几乎没有问题，但是目前正在接受深入的研究，这不是为了推翻它们，而是为了更好地将其深化。

简而言之，我坚持自己的观点，即科学方法是揭示现实本质的唯一方法。虽然当下的某些观点有待修正，但这种以事物观察与意见比较为核心的方法将永远存在，因为这是获得可靠知识的唯一方法。

在接下来的每一章中，我都会尽可能地展示出人类对其自身最为关注的某些事物的认识，而这些认识都是通过运用科学方法来获得的。在我看来，人类解开了如此多的谜团，为如此多的重大问题提供了如此多的答案，理应为自己所取得的成就感到自豪。我希望，即使你是一株情感细腻的植物，不为科学的狂风暴雨——人们必须接受科学在过去、现在甚至将来对人的智力所产生的巨大影响——所动摇，也不要熄灭骄傲的火花，要相信整个人类终将完全揭示宇宙的运行规律。即使你认为人类的探索能力仅限于物质世界（和我的观点相同，但我认为现存的一切都归属于物质世界，而你或许出于其他的原因才这样认为），你也一定会对这趟旅程引以为傲。从完全的迷茫到最初的意识萌芽，到文艺复兴，到启蒙运动，再到我们目前远未完全掌握的、仍在发展中的理解水平，人类的认知已经有了质的飞跃。

接下来的内容都与揭示神话、获取真知相关，但我在叙述的同时仍会保持甚至增加人们的兴趣和返想。我知道，许多人认为"精神"和"物质"就像油和水一样无法融合。但是我希望你能抛开这种观念并认识到，单纯从物质角度来感知世界可以获得一种近乎精神上的愉悦。我也希望你同样会为人类的超凡能力而自豪，因为人类正在时间和空间中努力地协作，打破神话之茧，向着真理不断前进。

但是，等一下！在开始我们的旅程之前，还有一些令人愉快的"分内职责"需要履行。这本小书历经数次改动，每一次都离不开我的编辑拉莎·梅农的悉心指导及其深刻的见解。多亏了她，此书最终才得以形成。我还要感谢我的妻子珍，她在本书的每一次改动过程中都提供了宝贵的意见。同时我还要感谢马尔伯勒学校的盖伊·诺布斯，他也为本书做出了很大的贡献。此外，还有一些匿名的出版评审人在各章节的撰写过程中提出了各种非常有帮助的建议，对此我表示深深的感谢。

第 一 章

起 源

谈到存在，首先会有一个重要的问题出现，即宇宙究竟从何而来，又如何诞生。它曾经让我们所有人都很感兴趣。而在诸多的文化中存在大量的创世神话，正是它们凸显了这个问题的核心地位及其重要性。所有的创世神话都在力图解释为什么在以前什么都没有的情况下有东西出现了。某些神话认为，地球及其居民是由一对假想的"宇宙父母"在"巫山云雨"后所产生的后代。有时某些神话更加离奇地认为，这对"父母"或许在交合时满脑子想的都是虱子，于是虱子便从腋窝里被创造了出来。而另一些神话则认为，一颗"怀孕的宇宙蛋"裂开后，一半形成了天穹，一半形成了大地。有时，我们的宇宙似乎成了怒气宣泄过后的产物。在波利尼西亚的神话中，造物神塔奥罗厌倦了自己一直被困在壳内，于是将其击碎，破壳而出。愤怒使其做出了一系列不成熟的举动，他把自己的脊柱变成了山脉，指甲变成了鱼鳞，肠子变成了龙虾。但这仍然未能平复他的心情，于是他又把自己的鲜血变成了天边的红霞。亚伯拉罕诸教（Abrahamic religions）中的创世神话同样面临着解释宇宙诞生的问题，但是其表述在人们看来更加谨慎、合理，同时也更加抽象，概括起来就是：上帝不可思议地凭借自己的意志在混沌中创造了秩序。印度教的《梨俱吠陀》（*Rigveda*）和《唱赞奥义书》（*Chandogya Upanishad*）两部典籍认为"存在是通过否定非存在而实现的"，这种论述着实将抽象发挥到了极致，但却无法令每一个西方人完全满意，因为它明显是在逃避这一问题。

其实，要想清楚地了解宇宙的起源，首先要解决三个与之相关的重要问题。第一个问题和宇宙的形成机制有关：宇宙诞生的最初究竟发生了什么？第二个问题是：是否有必要去探寻在宇宙形成之前存在的东西或在某种意义上有可能形成宇宙的东西？由此便产生了一个不管是从语言上还是概念上都十分吸引人的问题，即"无"能否生"有"的问题。第三个问题是：宇宙形成的过程——将"无"转化为实在可见的东西——是否需要某种外力的推动？或者说"无"能否独立地转化为"有"？以上问题似乎都可以用科学的方式来回答。除此之外，还有一个问题十分特别但却非常有趣：宇宙为什么会存在？对此我暂时不做深究，等到后面再谈。

有这样一种观点认为，假设创造宇宙的外力是存在的，那么刚才提出的三个问题便会迎刃而解；为了避免拐弯抹角，我们可以直接将其称为"上帝"。是上帝以某种不可思议的方式创造了宇宙。他独立于时空之外，随心所欲地凭空创造万物。出于某种人类无法理解的原因，他是促使宇宙形成的第一人，是自发存在的宇宙第一推动力。我还会做这样的假设：尽管以上论述看似比《梨俱吠陀》中极端抽象的内容更为具体，但并不能完全令人满意。它们当然有可能是正确的。因为上帝本就是宗教的产物，所以我会把涉及上帝的宇宙起源说归到宗教的类别中，但我会尽可能地把上帝变得普通，这样你就可以自行选择"膜拜"他的方式了。

科学能否更好地解释宇宙的起源？那些想要维护宗教独特地位的人声称，科学只能研究已经存在的事物，对于尚未出现的事物没有丝毫经验，因此在这些问题上没有发言权。他们断言科学无法从根本上解决宇宙起源的问题，但或许会勉强接受科学在研究早期宇宙方面的某些成果，因为当时原始的宇宙已经开始运行了，自然的法则已然确立。简而言之，他们认为科学方法无法揭示宇宙起源的奥秘。如果这种观点是正确的，那么我们别无他法，要么做出妥协，承认人类根本无法发现宇宙自发形成的过程；要么相信创世者及其不可思议的行为的存在。

因此，为了评估这种观点，我需要确定科学是否真的可以解决这些非常有趣的问题，还要确定科学能否恰到好处地从宇宙自发形成的角度来解答这些问题。我认为科学进步的动力来源于乐观与好奇的结合，来源于对解决问题的渴望以及对科学研究的信心。毕竟，科学研究的基本假设是要揭示事物的本质。

首先不可否认的是，科学在过去300年里对早期宇宙——宇宙起源另当别论——的研究所取得的成就远比宗教在过去3000年里的成就要多，这或许是有一定原因的。还有一种更为尖锐的观点认为，用神话来解释宇宙的起源实际上相当于承认了自己无知地被寓言所引诱，但它们只是没有被皇帝穿上的新衣，根本没有什么意义可言。尽管那些有时很美妙的神话与目前科学研究的构想之间会产生共鸣，但这也许是因为它们本身都是含糊不清的，如同橡胶板一样可以任意拉伸，因此可以涵盖更多重要的科学问题。神话编造者声称自己的寓言故事比科学解释更有先见之明，而我认为我们对此应该持谨慎的态度，因为这种表面上的预测正是寓言灵活性的体现。

其次，尽管宇宙起源的细节问题可能仍是阻碍科学发展的绊脚石，但重点是要认清"可能的阻碍"与"谨慎发展所取得的真实成就"之间的区别。在"龟兔赛跑"的故事中，兔子正是因为妄加猜测乌龟的能力而输掉了比赛，而科学谨慎发展的特点像极了那只缓缓爬行的乌龟，在没到终点之前谁也无法轻易地下结论。科学不仅需要出色的想象力，还需要万分的谨慎。科学家很少会取得革命性的成就。他们更常见的做法是在逐渐征服新的领土之前先建立桥头堡，夯实基础后再进行深入研究。科学研究的桥头堡是建立在经过实验验证的理论共识之上的，贸然跨越无知的鸿沟通常都会跌得粉身碎骨。甚至就连20世纪物理学领域的两个重大突破——相对论和量子理论——也都是立足于经典物理学之上，通过预测发现其与经典物理学之间存在微小的差别而逐渐发展成为理论典范。科学家虽然是革命者，但却是保守的革命者。他们会谨慎地进入未知的研究领域，然后再将其征服。

正是由于这种谨小慎微的特点，几乎每个科学家都不愿对宇宙起源等相关问题发表看法。这是明智之举。实话实说，他们没有掌握任何线索。科学家们目前的任务是要一步一个脚印地"回到过去"，并在这一过程中形成正确的见解，明确研究态度，达成共识，通过观察来验证想法，或许还期望着在将来的某个时刻能够发现宇宙诞生的瞬间；与此同时，科学家们还要做好准备去面对自己以及我们的整个认知框架被一次认识上的转变——甚至是一连串的转变——所颠覆的可能，这或许比相对论或量子理论具有更大的冲击力。

对宇宙诞生瞬间的研究——前沿科学家将时间回溯到宇宙诞生后的刹那，探索 137 亿年前伴随大爆炸而发生的复杂的、在很大程度上是推测出来的事件——已经有了许多主流的解释，此处便不再赘述。尽管人们的信心和共识在减少，但我们已经知道了，在宇宙诞生后的 10^{-34} 秒（普朗克时间）[1] 内所发生的种种现象极其复杂，这就足够了。我们知道在那一瞬间，目前现有的理论和时空连续性的假设统统无效，甚至时间和空间也都没有任何的分别。简而言之，我们还没有掌握可以进入普朗

1 10^{-34} 秒即 1 秒的 1/10 000 000 000 000 000 000 000 000 000 000 000。

克时间、直面宇宙诞生瞬间所必需的物理知识。但是我们目前已经发现了未来研究所需要的某些线索，而且理论物理学家也基本明确了他们的研究方向。当然，研究的过程会异常艰辛。揭示宇宙诞生刹那的真相需要耗费很长的时间，并且可能带来超乎想象的理解上的转变，这便是所谓的"范式转移"，即基本的理论假设发生了根本的改变。即使困难重重，但目前还没有迹象表明人类必须得引入一位创世者才能对宇宙起源有一个彻底的认识。

前面已经说过，我们承认科学目前最多只能窥探到宇宙起源的大致轮廓，甚至这种大致的轮廓可能只是幻象，我们很快就会谈到这个问题，而描述宇宙起源的科学方法的未来发展方向，或许仍需要我们去做一番推测。这种推测——有人会说该做法十分愚蠢——与宗教的创世说的区别在于：科学推测的真实性或其他特性是公开可知的，而宗教的预测则是建立在信仰的基础之上的。宗教信徒可能会辩称，这种信仰是有充分依据的，因为《圣经》所记载的上帝之言是可信的。或许他们还会说，虽然自己知道《圣经》中的记载是虚构的，但是真理就隐藏在那些神话故事里面，终有一天会被揭示出来，因此弱小的人类不能只单纯地关注表面的文字叙述而忽略了其内在的价值。话虽如此，但我认为人类还是肩负着不断开拓进取、努力刷新认知极限的重任。

前面提到的宇宙起源的大致轮廓或许只是幻象，原因之一是宇宙可能没有起点，至少不会在某一区域内存在起点。某些早期宇宙方面的理论认为，现存的宇宙——比如我们的宇宙——可以孕育出子宇宙。这意味着我们在回溯过去时会发现，自己的宇宙是由一个母宇宙孕育而来的，而这个母宇宙又是由另一个母宇宙孕育而来的，再往前推还有无数个这样的母宇宙。因此，我们所认为的宇宙起点并不是一切的真正开端。照此说来，宇宙的大爆炸仅仅是一起微不足道的区域性事件，并不是宇宙诞生的真正起点。

实际上，人类如果一味地扩大宇宙探索的广度并忽略自身的重要性，可能会严重地低估宇宙起点的发现难度。时间或许会在宏大的宇宙尺度上失去意义，而"起点"这一概念也会变得毫无价值。宇宙的诞生或许又会是这样的情形：任何宇宙都会创造无数个宇宙。现在虽然已经有无数个宇宙，但是数量仍在以无限的增长速度无限增加，并且会一直保持这种状态。因此我们的宇宙大爆炸在无限宏大的宇宙舞台上是极其微不足道的。虽然科学在获取真理的过程中可能显得有些自大，但其研究发现却通常为真正的谦卑打下了基础。

实际情况可能是这样的：子宇宙理论解释起来要比原始宇宙（Ur-universe）理论简单得多，因为只要有现存的宇宙，就会有主宰其运行的物理法则。如果我们能够在自己的宇宙中找到这些法则，那么就会知道子宇宙是如何孕育而成的。但即使这一目标能够实现，人类在将来仍需面对一个棘手的问题：原始宇宙从何而来？或许真的是上帝亲手创造了原始宇宙，然后让其永远湮没在了无数的宇宙"后代"中？可能只有坚定地信仰上帝的人才会知道答案。

即使无数个宇宙无限加速诞生的惊人场景是真实的，但我还是心存疑虑——是否仍然存在一个真正的宇宙起点？答案倒是有一个，但是是没有科学依据的盲目猜测，因此请勿当真。提出这个观点只是为了强调乐观的科学精神。即使面前困难重重、阻力巨大，我们对科学始终抱有坚定的信心，人类终会有解决问题的办法。

下面我要把自己不切实际的想法分享给大家，聊博一笑。首先假设宇宙是由点组成的。简单起见，我们将宇宙假设为一个由四个点组成的微小宇宙，就像这样排列成一条直线：··· ·。在这个宇宙中，我可以确定点 2 紧挨着点 1 和点 3，其余点以此类推。在某个点集中确定相邻的点在专业上被称作给定度规（imposing a metric）。从现在起我会引入"度规"（metric）这个概念来解释某些问题。这样，我们的宇宙模型的四个点就有了一个特定的度规。接下来，我规定那四个点可以有一个不同的度规，其中点 2 和点 4 按某个度规互为相邻点，其余点以此类推；并且我可以再假设另外一个宇宙，其中点 1 和点 4 按该宇宙的度规互为相邻点，其余点依此类推。这样，四个相同的点便可以组成不同的宇宙模型了。

如果将这种假设放在现实的宇宙中，那么我们可以认为这个宇宙由无数个点组成，其中将点 1 和点 2 通过某个度规确定为相邻点，而另一个宇宙同样由无数个点组成，但点 1 是在某个类地行星上的胡萝卜里的碳原子核中，点 2 则位于某个遥远星系中环绕类似织女星的小行星上的铁原子核中，而这两者之间由另一个度规将其确定为相邻点。这样的话，同一个点集中的点可以组成无数个宇宙，每个宇宙的度规都各不相同。在这个假设中，我们每个人都存在于任何一个可能的宇宙中：只有在目前这个宇宙中我是完完整整的我；在其他众多的宇宙中，我无处不在；如果在许多宇宙中恰好居住着和你类似的生物，那么我便是你的组成部分。因为无数个点构成的并不只是空间而是时空，所以我既是过去的存在，也是将来的存在。在这种场景下，不断出现的子宇宙只不过是新度规的出现，也就是说度规发生了变化，点与点之间的关系也随之发生了变化。

我曾经在其他地方提出过这种毫无根据的猜测，[1]结果可想而知，没有得到任何回应，而这也是很正常的事情，但至少这个想法产生了一个创造性的结果。美国作家约翰·厄普代克显然受此启发，饶有兴趣地把它放在了自己的著作《罗杰教授的版本》的结尾部分，[2]使其变得更加精彩有趣：

> "所以，"克里格曼说道，"想象一个什么都没有、完全真空的状态。且慢！有东西在里面！是点，几何图形最基本的组成部分，是没有结构的点的集合。如果这对你来说太模糊的话，那就想象'一个还未在任意维度构成流形的博雷尔点集'。想象它是旋转着的；由于没有维度，也就没有远近的概念，因此它并不完全像你我所想的那样在旋转，但是不管怎样，其中一些点会突然变成直线然后消失。……直到时空突然出现！……无中生有，

1　*The Creation*, by Peter Atkins, W. H. Freeman & Co.(1983).

2　*Roger's version*, by John Updike, Knopf(1986).

从虚空和原始的几何中诞生，它们是仅有的法则，没有人将这些法则授予摩西，不需要有人这样做。一旦你对此有了信心，即使该信心小得如同耶稣所说的芥菜籽儿一般，轰！创造宇宙的大爆炸马上就要来临了。"

这种猜想的重要意义在于，无数个宇宙的出现看似纷乱复杂，却都可以简化为一个单独的事件。归根结底，过去和现在所诞生的无数个宇宙实际上可能都源于一个单独的创造事件，即创造点集作为每个度规的基础，然后每个被独立创造出的点集都含有一个新的度规。但不知为什么，在我看来，为预先存在的点集设置度规——在由点组成的集合中，每确定一对相邻点的位置就相当于确定了一个新的宇宙——比创造一个真实的宇宙更加抽象，因此省去了不少麻烦。

毫无疑问，这个猜测在现实科学中一定是胡说八道，但对于在小说中树立一个认真而略带疯狂的科学家形象来说却是很好的素材。我当然不希望任何一位科学家都认为我的设想是毫无理论依据的。因此我必须要说明做出这一假设的真正用意：即使问题再难，我们也能够对其做出科学理性的思考，从而削弱上帝创世的影响，回到解决问题的正确轨道上来。

还有一个未解决的问题是，这些点从何而来？重视理性思考的科学家一定会承认，如果在任何阶段都必须用一种外力来解释事物的诞生和存在，那么科学只能承认人们所谓的上帝是存在的。如果换一种说法，那就是坚持无神论的科学研究最终可能会发现它竟然证明了上帝的存在，这就非常具有讽刺意味了。因为我不想屈服于宗教信仰，也不想就此抛弃我的乐观态度，更何况本书才刚刚开始，所以我需要弄清科学是否永远无法摆脱这个特殊的问题。

就这一点而言，摆在科学面前的任务是探究在没有外力干预的情况下宇宙如何从虚空中产生。可是根本没有人知道这种情况是否会发生，就算真的发生了也没有人知道它是如何发生的。某些人认为，宇宙起源的问题（这里我不再使用"原始宇宙"这个词，除非我想特别强调其不同，但这可能才是我的本意）可以通过证明其遵循了某些物理学定律来解答，比如宇宙源自"量子真空涨落"（quantum fluctuation of the vacuum）。但这并不足以作为一种解释，因为虚空意味着所有的一切都不存在，更没有定律可言，就连绝对的真空都比它要"丰富"得多。宇宙还未诞生，物理定律就不会存在；换句话说，因为物理定律总结了宇宙的运行规律，是随着宇宙的诞生才出现的。通过"量子真空涨落"理论来追溯子宇宙的起源或许十分恰当，因为子宇宙与原始宇宙之间存在差别，而且现存宇宙的真空中确实存在丰富的属性，但这并不足以解释原始宇宙的起源，因为虚空不具有任何特性，因此不会出现量子涨落现象。

从"绝对的无"——出于敬畏之心，我们把包括真空在内的"什么都没有"的状态称为虚空——变为"有"是一个深奥至极的问题，远远超出了目前的科学研究的范围。尽管某些人——尤其是那些悲观的或者可能有现实主义倾向的科学家——认为科学似乎永远无法解决这

个难题，但它毕竟是科学必须要达成的目标。因为我的
目的是证明科学能够解释包括虚空在内的一切问题，同
时还要证明科学能让人们理解最不可思议的现象，所以
我必须保持乐观，摒弃偏见，努力证明人类仍有希望通
过科学去解释宇宙如何"从无而来"。

其实之前我曾尝试着做过一种假设。[1] 当时这样做
的目的同现在一样，不是为了提出理论来说明宇宙从无
到有，只是为了证明思考宇宙起源这一过程的可能性。
如果宇宙的起源可以解释，那么对其真实的科学描述将
与我所要提出的观点大相径庭。当然，要是二者表述一
致，那事情就变得有趣了。但这并不是重点。我要再次
强调一下，我的目的是要表明人类的思想不应被难题所
禁锢，用科学来解释一切复杂深奥的问题并非不可想
象。换句话说，在宇宙起源的问题上，我希望找到比神
话寓言更加令人满意的——至少让我满意的——解释。

―――――――――――――――

1　*Creation Revisited*, by Peter Atkins, W. H. Freeman & Co.(1992).

　　首先，重要的是应该认清一点，宇宙中的一切可能并不存在。我知道，表面上看我们好像是物质世界的一部分，周围的一切都是由物质构成，并且我根本不想让人们觉得人类所感知的事物只是梦幻泡影，或像贝克莱的唯我论所描述的那样，物质没有任何独立的属性，只是"我"的感觉和经验。当然，我们是物质的一部分同时也被物质所包围，但是深入到一定程度就会发现，任何物质都不存在。现在我会试着去解决这个悖论，因为它一旦被解决，"无中生有"这个概念——从虚空中创造事物——就会变得很简单。换句话说，我不想用玄学的花言巧语来解释宇宙的起源，我将试图证明所谓存在的基础其实是"无"。

　　宇宙的总电荷为零，但同时存在带正电荷和负电荷的实体。我们都知道，如果总电荷不为零，那么多余的同种电荷会产生巨大的相互作用力，这股力一旦形成会立刻产生爆炸。要想使电荷存在并且使总电荷为零，那么正电荷和负电荷的数量必须相等。或许在宇宙诞生以前的虚空中不存在任何电荷，因此伴随着宇宙的诞生，

"无电荷"的状态分离出了两种相对的电荷。电荷不是在宇宙诞生的那一刻被创造出来的，而是从"带电"的——这种带电性因正负电荷相互抵消而没有表现出来——虚空中分离出来的，形成了数量相等的正电荷与负电荷。也就是说，这起事件并不会产生电荷，而是分离出了正负电荷。因此在这一过程中，"无"确实从虚空中产生，但在正负电荷从虚空中分离出来以后，那个原始的虚空状态才转变为当前这个有趣的、具有发展潜能的"无"的状态。如果上帝创造了宇宙并决定赋予其电荷，那么他不需要制造电荷，只需要把正负电荷从虚空中分离出来就可以了。换句话说，上帝恩赐给我们的电其实是"无"。

　　宇宙不会旋转。更专业地说，整个宇宙的角动量（angular momentum）为零。然而局部宇宙中的天体确实会旋转。角动量在局部存在，但是某一位置的角动量（一个旋转的轮子）与另一位置反向的角动量（一个反向旋转的轮子）互相抵消。当我们在自行车上蹬脚踏板时，随着车轮的转动角动量便会产生；但是如果我们向西骑，地球自转得会快一些，因为地球是由西向东自转，如果向东骑地球自转得会慢一些，当然这些都是理论上的变化，但宇宙的总角动量仍保持其合理的原始赋值——零。这就说明角动量并不是在宇宙诞生之时被创造出来的，而是虚空分离出了相等的但方向相反的角动量。这起"创造角动量"事件并不是上帝赋予了我们一定的角动量，而是相反的角动量的分离。和正负电荷出现时的情形一样，"无"确实从虚空中产生，但某起事件将相反的两种角动量从虚空中分离出来以后，那个原始的虚空状态才转变为当前这个有趣的、具有发展潜能的"无"的状态。如果上帝创造了宇宙并决定赋予其角动量，那么他不必倾尽全力地去转动宇宙的大轮子，只需要把正反角动量从虚空中分离出来就可以了。换句话说，上帝恩赐给我们的角动量其实是"无"。

众所周知，宇宙中存在巨大的能量：恒星在燃烧着的星系、一边自转一边公转的行星，甚至是孩子们玩的飞行球都具有能量。至少目前上帝似乎还有一项工作要做，并且经过深思熟虑后再次给予了我们一份显然不可改变的"馈赠"。毫无疑问，能量可以从一种形式转换为另一种形式，例如物体在下降的过程中加速，势能（物体由于其高度而具有的能量）就会转换成动能（物体由于其运动而具有的能量）。但是实验似乎表明，宇宙的总能量是固定的并且永远不会改变。如果有上帝的话，那么他赋予人类可以自由使用的总能量是完全合适且安全的，不会随着人类的干预而改变。

但这就留下了一个问题，他到底赋予了我们多少初始的能量呢？这可以通过现有能量的总和进行估算，因为宇宙的总能量一直保持不变。首先需要计算所有星系、恒星及其行星运行产生的能量，还有这些行星上发生的所有微不足道的小事——其上的居民将这些事件视为历史——产生的能量。这些能量的总和巨大，但总的能量却远不止如此。根据爱因斯坦的狭义相对论，质量是局部天体吸收能量的量度（著名的质能方程 $E = mc^2$ 把某一区域的质量与该区域的能量联系到一起）。除了已经算出的巨大的总能量之外，我们还有一项需要补充，即由所有星系的质量——其中包括恒星、行星、卫星甚至老鼠和人的质量——转换而来的能量。

但是我们目前还忽略了另外一个能量的来源，那就是宇宙万物之间的引力所产生的能量。引力会降低两个相互作用的物体之间的能量，尤其是同一星系中恒星之间的能量，而且会把它们聚集到一起；引力还会降低星系自身的能量，因为它们几乎是在无限的空间内相互吸引。引力的出现使之前计算出的总能量减少，并且有合理的解释认为引力在不断削减着宇宙初始的巨大能量，直至将其减少为零。

人们无从知晓宇宙总能量的各个组成部分是否真的为零，但是"负能量"（由引力产生）几乎可以抵消所有"正能量"，这一点非常耐人寻味。其实我们目前已经知道有一种被称作"暗物质"的物质存在，但除了它与普通物质在引力的影响下相互作用的特性之外，我们对其一无所知。如果将其计算在内，那么能量相互抵消的值就更接近于零。暗物质非常神秘，而且它的存在让人类感到惭愧：虽然暗物质似乎比普通物质更加丰富，但我们只是在其分布方面略知一二；除了通过推测它对星系的形成、结构及性质所产生的影响来判断它的存在之外，我们始终不能探测到它。

虽然这种猜测带有些许偏见，但其基本依据是宇宙诞生之时的初始能量恰好为零，并且总能量始终为固定值。因此上帝的慷慨在宏观的宇宙尺度上看来是极其吝啬的。他什么也没给我们：总电荷是零，总角动量是零，总能量是零，其他东西大概也是如此。我们周围其实什么都没有，一切都是"无"，但是是从虚空中分离出的相互对立的部分，从而使事物具有了外观。

我之所以把这些观点展示给大家，是因为人们过于关注宇宙诞生时所发生的事情，因而很容易就忽略了这些重要的问题。虚空分离的原因仍有待寻找。然而在我看来，尽管寻找答案的过程艰辛异常，但同研究宏大的、细致的宇宙诞生过程比起来则要简单得多。可是宇宙诞生也会给人类带来问题，比如所有的能量从何而来。但虚空分离的观点让这个问题变简单了，因为能量不是被创造出来的，而是由虚空分离而来。科学会将真正的问题提炼出来，在对其保持敬畏之心的同时不断寻求解决之道。

　　下面我忍不住还要引用约翰·厄普代克书中的内容来支持这种观点，因为从中可以看出他也对宇宙从虚空而来的观点青睐有加 [1]：

　　"这都是比喻。"

　　"当然了！"克雷格曼说道。……"想想正一和负一。它们相加为零，零代表'无'，什么也没有，对不对？想象它们合二为一，然后再一分为二。"说着，他把自己的酒杯递给戴尔然后演示起来。只见他毛茸茸的双手掌心相对，向上伸出后分开。"明白了吗？"接着他两手握拳，举得与肩膀齐平。"现在是'从无到有'，从刚才什么都没有变成有了两样东西。"

　　克雷格曼并没有真正领会其中的含义，但他却正试

1　*Roger's version*, by John Updike, Knopf(1986).

着通过理性思维而非道听途说去理解。他甚至想到科学家为了揭示一切，会在合适的时候去研究"虚空"。

前面我曾承诺要再次回到"为什么存在宇宙"这个问题上来，现在就让我们一起来探讨一下。宇宙存在的目的是什么？某些人认为如此宏大、复杂、包含一切的宇宙必定有其存在的原因。

宗教人士认为，上帝出于某种不为人知的原因创造了宇宙，但人类太过渺小，不应窥探这个永恒的玄机。我们可以大胆地做一些猜测，但由于它们是在人类的逻辑与本性的影响之下产生的，就像人类平常所做的决定一样难分对错，因此把这些猜测视作上帝的所思所想几乎没有什么说服力。除此之外，即使人类认为自己的目的观适用于全能的上帝，但这种做法也可能被贴上狂妄自大的标签。简而言之，探索宇宙起源非人力所能及。另一个办法是在宇宙中寻找目的证据证明其诞生的原因。科学可以为其提供帮助，甚至可以解决这个问题。那么有什么发现了吗？尽管做了各种努力，但科学在其研究过的事件中并没有发现任何蛛丝马迹。在物理学领域，研究没有丝毫收获，在化学领域同样如此。于是人们将更多的目光投向了生物学领域。因为某些人认为，有机体都在不断地完善自我（比如人类），所以进化是有目的的，这也是我们下一章所要探讨的内容。但我们将会看到，即使研究再努力，到头来还是徒劳。

我们在地球上的经历是否与我们在宇宙中的经历一致？在讨论这个问题之前，我需要详细地阐述某些观点。为此，我要向你介绍人类智慧的伟大结晶——热力学第二定律，我最喜欢的物理定律。一旦我们知道了该定律可以解释一切事情发生的根本原因，我们就能理解它为什么会在我们讨论的过程中占据中心地位。

广义上说，热力学第二定律认为"事物会变得更糟糕"。更具体地说，它认为物质和能量总是朝着混乱的方向发展。如果任由其自由发展，物质会分解，能量会扩散。比如在某个容器内，无序运动的气体分子会充满整个容器。炽热金属块中的原子会发生剧烈的碰撞，它们同时会与该金属块周围温度较低的原子发生碰撞，这会使金属块中的能量散发出来，然后其温度降低。这就是自然变化的根本原因——无序扩散。然而令人惊讶的是，这种自然的无序扩散可以创造出精致的结构。这种扩散如果发生在引擎中，就可以让发动机吊起砖块建造教堂；这种扩散如果发生在种子里，就可以让分子形成花朵。这种扩散如果发生在你的身体里，在你的大脑中随机的电流和分子就可能会被加工成想法。

物质和能量的扩散是一切变化的根源。无论发生什么变化——侵蚀、腐败、生长、衰败、开花、艺术创作、精致的创造、理解、繁殖、癌变、娱乐、事故、安静或热闹的享受、旅行或毫无意义的单纯运动——都是内部运动的外在表现，物质和能量的自发扩散过程都只朝着更加混乱的方向发展。不管怎样，自发无序的衰减是所有变化的源泉，即使这种变化产生了有序的结果或导致了看似有目的的行为，最终还是会变得混乱无序。

因此从本质上讲，不论是体力活动还是脑力活动，它们最终都会变得毫无意义。人类做决定看似是一种有目的的行为，但实则不然。如果把大脑比作机器，那么其中的齿轮会被发条驱动并啮合在一起开始工作,这样存放我们记忆、经历、渴望的"化学储藏室"就会被连通,继而对外部的环境刺激做出反应,因此这一复杂的过程很像是人类有意而为之。实际上我并不否认个人目的的存在,因为神经学家通过研究逐渐发现,我们的大脑自己能够找到各种令人快乐、满足的方法。大脑如果愿意,甚至还可以找到令人痛苦的方法。但是我们应该意识到,人类归根结底与一切事物一样都会受到自发衰减的影响,这也是我们为什么要吃饭的原因,因为人总是在消耗能量。

现在我们终于找到了问题的症结。尽管一切变化本质上是自发衰减的结果,但我们的心理活动却让自己的生命中充满了个人目的。人类的目的感十分强烈,自然就会将这种意识扩展至宇宙中的万事万物。因此人们对宇宙诞生的目的做了一番深入的思考,认为宇宙中的一切如果都是被创造出来的,就会像人类的各种行为一样背后是有目的存在的。但是这种从个人到宇宙的推断是错误的。

在我看来，如果创造宇宙是一种无主体的行为，那么宇宙必然是自发形成的，因为没有主体就没有目的。即使科学在某个时刻不得不承认失败，承认宇宙确实是由上帝创造的（希望不会如此），实际情况依然不会改变，在地球上或我们能观察到的任何地方还是无法找到宇宙起源的任何目的证据。哲学家和神学家毕生都在思考宇宙存在的目的是什么，但到头来没有发现任何证据，有的只是遗憾。一切都是一场空。

为什么宇宙要有存在的目的呢？实际上这个问题只是人类思想的产物，除了展现出学术追求的行为特征和学者自身不断进取的心理特点以外，没有任何意义可言。我们不应把人类的看法及问题强加给物质世界。我认为我们的宇宙壮观而宏伟，它就在那儿，根本不需要存在的目的。

第二章

发 展

旦有了宇宙，我们便想知道自己在宇宙中的位置以及像我们这样的有机生物是如何出现的。我们人类是如何继承了地球的？

毫不夸张地说，地球是众多神话编写者的创作沃土。几乎每个创世神话都以不同的方式涉及了我们存在的基础——地球这个无机岩石星球，但却对其上的有机生物的起源避而不谈。生活在美国加州的卡维拉印第安人把穆卡特（Mukat）拜为创世之神，这位已经死去的神在与伟大的萨满祭司帕尔米特卡武特（Palmitcawut）私下交谈时曾经说起过植物的真正起源：葡萄藤来自他的胃，西瓜来自他的瞳孔，玉米来自他的牙齿，小麦来自他身上的虮子卵，豆子来自他的精液。说实话，最后这两个物种的起源多少让人感到不适。澳大利亚土著居民信奉的至高神卡洛拉（Karora）似乎和袋狸（bandicoot，简单说就是一种有袋的鼠类）"结下了不解之缘"，它们就像魔术师帽子里的兔子一样源源不断地从他的肚脐里蹦出来。他为了拥有同伴便自己生下了一个儿子，谁知此举却打开了潘多拉的魔盒。他的儿子从其腋窝（又是腋窝）中诞生并开始毫不留情地捕杀袋狸。在某些夜晚，卡洛拉的腋窝一次最多可以生出 50 个儿子，"产量"十分惊人，这对正不断减少的袋狸种群来说非常不利，让它们面临绝种的危险。《创世记》中有我们更为熟知的故事，明确地解释了生物的起源过程："……于是上帝创造了巨大的海兽、水里的各种动物和空中的各种飞鸟。上帝看这些动物是好的。……"[1] 然后各种生物相继诞生，从爬虫到爬行的婴儿，人类终于出现在了这个

1　译文出自《圣经现代中文译本》，香港圣经公会（1979）。——译者注

世界上。《创世记》里明确地指出上帝是我们的创造者，但它除了让我们知道上帝降下万能的神谕之外，却没有告诉我们这些创造行为是如何实现的。

当然，科学提供的答案更为简洁——进化。这个词引起了很多人的反感，但我假设它是被普遍认可的，从而可以继续探讨其他问题。

信奉宗教但思想开放的博学之士相信进化的真实性，并且认为自然选择是进化的必要条件。他们尽管始终相信上帝的存在，但也能够接受生物进化的观点。他们认为上帝是一种极其微妙的存在并且可以预知未来。从某种意义上说，他通过进化来实现其宇宙计划，所以这些人对进化并不排斥。他们坚持认为上帝凭借其无穷的智慧构建了进化的体系，然后将其原始而强大的创造转变为自主活动，从而可以充分发挥潜能并实现终极目标。我们虽然傲慢，但却在《圣经》权威的影响下做出思考，因此乐于接受这种生命起源的理论。这样一来，明智的宗教信徒不用通过祈祷或被迫接受怪诞的神创论就可以合理地遵从自己的信仰。神创论者（智慧设计论者本质上与其一样，只不过披着伪装的外衣，实际上是神创论者的"第五纵队"）把上帝幻想成宇宙中所有生物的创造者，他独立于时间之外，仔细研究并完善了天花病毒，使其具有极强的毒性。除此之外，他还反复设计了一只眼睛来监视全人类，在其主要作品——人类——的创作过程中偷工减料，允许设计缺陷的存在，从而对人类造成病痛的折磨：即使你和你的母亲在痛苦的分娩过程中幸免于难，保不齐也会罹患癌症、霍奇金淋巴瘤、脑瘫以及心脏病。

多数有信仰的科学家都赞成"上帝是创世的幕后推手"这一观点，这能让他们接受现代生物学的准则和体系，从而认可进化发生的确凿证据，相信自然选择是进化的必要条件这一具有说服力的理论。他们的态度在我看来虽然开明但并不是完全明智的。即便如此，他们还是能够致力于科学研究，其中某些科学家甚至取得了巨大的科学成就。而对于大多数并不从事科学研究但思想开放的宗教信徒来说，我仍怀疑他们会采纳这一折中的观点。许多人可能认为，上帝为了实现自己的目的必然会对略微偏离自然发展轨道的事物稍加调整，但我同样对此表示怀疑。

然而有一种可能性我们不容忽视：尽管神创论者妄自篡改事实，不尊重科学成就，不愿意理性地思考，用怪诞扭曲的观点来支撑其偏执的理论，但是，他们有可能是对的。从逻辑上讲，他们这种观点的前提是有一位全能的上帝存在，他出于某种不为人知的目的或一时的心血来潮，运用其无限的能力创造了蠕虫、跳蚤、艾滋病病毒、豹子、百合花、臭虫以及人类，通过所谓的化石制造了大量伪证，一眨眼的工夫——在人类看来至少用了一个相当奢侈的工作周，或像《圣经》上说的用了六天的时间——就完成了所有的创造工作。神创论者对万物起源的解释十分简单，可以自圆其说，这使得他们能够舒舒服服地沉浸在自我满足、理解透彻的幻想泡沫中，对实验室中埋头攻关、试图用另一种方法揭示宇宙起源的科学家嗤之以鼻，指责他们误入歧途。他们在自己幻想的公共浴池里十分心安理得，因为不费吹灰之力就可以解释任何现象，比如男性为什么有乳头，捕食羚羊的猎豹为什么还要捕杀虫子，阴茎为什么既有排尿又有生殖的作用。有了神创论，任何事物都可以被解释得头头是道。因此，他们当然可以用相同的"套路"去解释引力，从而不必对时空为何弯曲劳心费神；他们罔顾板块运动的事实，用《圣经》中的只言片语去解释造山运动；他们对于 π 的无理性的解释也是如出一辙，这样便没有了数论的烦扰。他们沉浸在自己的公共浴池里尽情享受，认为自己掌握了知晓一切的法宝，没有什么是自己所"理解"不了的，并且对此深感满足。不幸的是，这是一种摒弃人类智慧的做法。他们试图破坏理性思维，蔑视人类的推理能力。我不会指责他们歪曲事实，但其本身是一种不可原谅的罪恶。神创论者认为叶子之所以是绿色的是因为一股万能的力量（出于社会、政治、法律的原因，他们谨慎地将其称作上帝），他们宁可通过这种方式来理解叶子的颜色也不愿从分子的进化组成及其功能的角度研究绿色的成因。如果他们的注意力只是集中在物质世界中，而不是以近乎病态的质疑方式把注意力聚焦于自然界的某一点上，那么他们对于引力的理解还是离不开上帝，他们还是会认为，是那股万能的力量让物体有升必有降。他们的理解方式十分武断，是一种思想倒退的表现，在古希腊人把追求真知设为人类的目标以前，人们才是这样的一种思维。尽管古希腊人对于事物的解释大都是错误的，但至少他们尝试着去寻找正确的答案。神创论者思维方式的倒退毫无疑问否定了人类的理解能力，让人类退回到不具备认知能力、无法自由思考的原始阶段。他们原想秘密地复兴宗教，不料却"复兴"了欧洲黑暗时代僵化的思维方式。

　　神创论与科学是相互对立的。虽然神创论的支持者慎重地予以否认，但神创论的确把《圣经》视为权威，而科学正是为了推翻这种权威才不断地进行探索。神创论暗中否定科学解释的作用，却没有否定未经证实的论断，科学则拒绝接受这些论断。神创论通过确立对一种存在——一股外力，即所谓的上帝——的解释，盲目地将其复杂化，但这种存在本身要比其解释更加复杂，因此神创论便成了一个"化简为繁"的过程；虽然科学乐于看到世上存在的复杂问题，但它实际上是一个化繁为简的过程。神创论否认公开证据的说服力，科学却仰仗于此。神创论很简单，因为它只是未经证实的论断；科学却异常艰难，因为它要揭示事物背后的原理。

神创论本质上是不可信的，它不仅通过歪曲事实来迎合其偏见，而且缺少自我管控的机制；尽管实验人员偶尔会被成功的欲望冲昏头脑，或是由于自己能力不足而导致实验失败，但是科学拥有强大公开的自我管控程序，必然会消除不当的行为，发现意想不到的简单错误。但神创论"从不出错"，因为它对错误没有任何概念并且缺乏准确度测试。神创论让人类退回到了无法用科学去认识世界的时期，而科学在不断向前发展，逐渐形成新的认知方式，尽其所能地去探索，力求开启未来的无限可能。神创论是一个彻头彻尾的骗局，一次又一次地欺骗着人类；科学则是一个去伪存真的过程，逐渐发掘隐藏在虚假外表下的真理。

神创论对社会造成威胁，因为它破坏了人的理性思维；科学为社会做出积极的贡献，因为它是理性的化身。神创论抑制了人类的渴望，科学为人类提供了实现愿望、认清愿望的机会。神创论封闭人的思想，科学开启人的心智。神创论同任何轻率的行为一样简单，这正是其危险之处。尽管目前它还没有成为主流思想，但却会像病毒一样传播给那些头脑空虚、不愿思考的人。神创论只会混淆视听，毫无成就可言。

神创论虽然不是一门科学，但科学却对它十分感兴趣。既然固定在解剖板上的死青蛙是合法的研究（学校里所做的真正的科学研究，而非在社会学影响下运用科学方法所做的研究）对象，那么神创论同样可以被当作研究对象进行研究。与解剖青蛙研究其内脏不同，我们需要在心理和文化两个方面研究信仰和理性相互对立的原因。是什么导致人们远离理性的研究？又是什么导致人们成群结队地去追求信仰，尤其是追求神创论这种极度扭曲的信仰，而不是用理性的眼光去看待宇宙。信仰怎会压垮理智？也许是因为恐惧，也许是受到文化的影响，也许仅仅是思想上的懒惰，无论如何，这是一种较为负面的心理因素。

神创论和智慧设计论的基础核心是信息不能自发产生，特别是构成生物体的信息，因此信息只能借由外力创造而来。但这种论断在很多层面上都讲不通。

首先，我们在第一章的结尾（与热力学第二定律有关的内容）看到，虽然物质和能量总是无序扩散，但稍加利用便可以创造出有序的结构。信息是有序的结构，特别是存在于物理实体上的信息，比如书页上的文字和 DNA 中成串的原子（关于 DNA 的更多内容请看下一章）。因此，尽管每个事件都会让宇宙的秩序变得更加混乱，但宇宙局部的秩序则可以在不需要外力的情况下建立。

此外，我们不要轻易地把 DNA 片段的变化视为信息的产生。分子水平上的一切都是垃圾，所有变化都是随机发生的。蛋白质在 DNA 结构的基础上形成，这也就是说 DNA 承载信息，而 DNA 结构本身并不承载任何信息。换句话说，如果分子水平上特殊的垃圾 DNA 片段成功地改造出了一种生物，那么当我们反观这一过程时就会认为那个片段是有效信息的体现，然后自然而然地就想弄清楚这些信息到底从何而来。实际上，信息是偶然出现的。打个比方可能会更有助于理解。作为计算机编码，美国信息交换标准代码（ASCII）中由1和0组成的字符串可能会创造出一个没有意义的单词"thonk"。字符串中的数字随机发生变化，可能会创造出"thenk"、"thunk"或"think"。由于"think"具有实际的意义，所以我们在看到它时或许会肯定地大叫道"它就是信息！"但它是随机产生的，而且只有在我们知道了"think"的实际意义后才能够确定这串字符所传递的是信息。[1]因此生物和文字是一样的：DNA的某些改变会产生可存活的生物，而其他改变则无法实现这一点。一旦"分子垃圾"随机生成了有效信息，自然选择便会接手随后的工作。如果经过改造后的生物具备繁殖能力，那么这种生物便会融入生物圈，我们就会认为该

---

1 神创论者通常会这样反驳：在数量众多的DNA片段上根本不可能同时自发产生大量的有效信息。对于这种观点来说，我们可以这样简单地回答。DNA并不是在达尔文假设的某个"温暖的小池塘"中一次形成，而是随着生物历代的成功繁殖使编码蛋白质逐渐增加，由此不断地发展而来。

DNA 产生了信息。如果 DNA 能够像我们一样思考，那么它就会知道自己只是尽可能多地在制造垃圾，而且还会嘲笑我们上当受骗，误以为这些垃圾就是信息。进化不是有目的地变复杂，而是随机产生了有利于存活、繁衍的"垃圾"。与其高傲地将自己视为造物的巅峰成就，不如谦卑地把自己看作现存生物中的"顶级垃圾"。

值得庆幸的是，我的大多数读者——甚至是那些具有坚定的宗教世界观的读者——都会轻蔑地将神创论视为歪理邪说，并且我能够把自己的观点分享给那些愿意进行理性讨论的人。至于推崇苦修的神创论者，我也欢迎他们继续读下去。

有信仰的人会常说，真切的喜悦来源于信仰。但在追求真知的人看来，真切的喜悦也会来源于真知。就我们所知，宇宙中再没有比生物圈更加复杂的组成部分了，而科学已经揭示了产生这种高度复杂性的主要机制，因此科学的喜悦正是来源于此。

达尔文的自然选择理论极其简单却意义重大，已经广为流传，所以这里就没必要再对其详述了，毕竟这是对进化的讨论而不是对它的描述。但是有几点认识需要说明，因为仍有许多潜在的问题困扰着人类：生命起源于何处？生命为何有超凡的能力遍布整个地球表面，并在每一种可以想到的生态环境中繁衍生息？

首先，重要的一点是要区分事实与理论，区分观察与方法，并且区分现象与解释。进化是事实，自然选择是一个关于进化如何产生的理论。在我看来，"进化论"是一个令人感到困惑的概念。尽管自然选择是目前被接受的解释进化如何发生的理论，但将其称为"进化论"会扭曲"进化"一词，表明进化并非事实而是理论。这种观点或许太过注重细节，有卖弄学问之嫌，[1] 但这个问题对某些人来说非常敏感，所以最好做到表达准确。

以观察为基础的进化事实有两个研究方向，它们像两条河水上涨的河流一样独立地积累实验证据，然后相互融合并相互支持。

1　那又怎样？科学就是要谨小慎微。

　　证明进化真实性的传统证据是化石，这种东西虽然有许多的孔洞、裂痕，但有惊人的一致性，只有那些相信宇宙阴谋论的人才会怀疑其真实性。即使罕见地出现明显不一致的情况，比如在地层中发现祖先的遗骸在其后代遗骸之上，我们也能够通过地壳的不断运动以及其他形式的偶然干扰对其进行解释，重要的是这些解释有额外的证据加以支持。科学是一张知识的网，各种现象、各种解释相互交织在一起。科学之所以内容丰富、真实可信，因为它从各个不同的知识体系中汇总了各项理论，从而使那张网变得结构严谨、包罗万象。化石证据的不足可以通过地质学和气象学的研究加以弥补，这是科学实力的表现，并非图谋欺骗。

　　第二种证明进化真实性的方法直到最近才出现。现在我们可以在分子水平上——在 DNA 结构的水平上——观察生物的变化，挖掘、检查、测量和比较骨骼化石不再是唯一寻找进化证据的方法。微观的（分子水平的）遗传变化结果与宏观的（大规模生物种群的）遗传变化结果自始至终保持一致，这有力地说明了进化是不争的事实。

　　进化真的是无可争议的吗？嗯，那些相信上帝无所不能的人也不希望上帝因无法让宏观和微观结果相一致而露了马脚，因此即使是他们也必须得承认进化的事实，除非他们认为整个生物圈是一个工厂（从诱骗的角度来说），虽然他们可能对这个工厂的运作机制持强烈的保留意见，但这种观点却更加符合神创论的思想。

　　下面再来谈一下进化产生的原理。原则上说，争论和质疑都可以在此出现；科学在此是其本该有的样子，允许某个观点被其他观点所取代。正如我在"序言"中所说的那样，科学在各个领域的发展就是不断地拓展和丰富思想：科学尤其能体现人类智力的发展。理论的形成与发展是一个极其残酷的过程，曾经看似可信的理论也会被新的发现或更深入的分析所推翻。有一种观点认为进化具有目的性，生物是在努力地完善自己，比如拉马克学说中的长颈鹿伸长脖子去吃更高处的叶子，这样它和它的后代才能努力获得长颈鹿潜在的能力。而另一种观点认为一切事物的产生都具有偶然性，因此这两种观点互相冲突，都希望被认可。后天培养是否会影响先天禀赋？变化是否永不停止？自然选择是否会断断续续地出现？物种是否会朝着特定的方向进化？在诸如此类的问题上引发争论才更合乎现代人的思维方式。

懂得运用奥卡姆剃刀原理的科学家首先会寻找对问题最简单的解释，只有当这种解释因过于简单而变得空洞生硬时才会对其做出详细的阐述。上帝的名字虽然简单但是具有迷惑性，因此持怀疑态度的科学家认为上帝是最为复杂的，因为无限能力的来源必然是复杂的。所以他们不愿把上帝作为任何科学解释的基础。对于这些科学家来说，"达尔文的危险思想"[1]可要比一位想象出来的上帝简单得多，因为在生物无意识地争夺资源的混乱过程中，进化是随机出现的。简而言之，进化是自然选择的结果。复杂的生物——就连病毒都是非常复杂的——之所以能够存在是因为它们及其祖先偶然进入了

1　我有意在这里提及丹尼尔·丹尼特（Daniel Dennett）的著作《达尔文的危险思想》（*Darwin's Dangerous Idea*, Penguin, 1996）。

适宜的生态环境中，从而可以在竞争中生存繁殖。

尽管表面上看起来和神创论毫无瓜葛，但实际上这种残酷的生物起源说却被某些人视为上帝无所不能的表现。如前所述，认同自然选择理论的宗教信徒宣称，全能的上帝赋予了长颈鹿某种进化的潜能，或许通过建立自然选择这种可以被科学总结出的机制来为整个地球的发展打下基础，然后任由生物圈出现各种可能。

我必须再次承认，他们的观点也许是对的，但既然上帝能够预知未来且耐心十足，那么也有可能专门为了人类的出现而凭空创造一个电子，从而拉开生物进化的大幕。如果你存在于时间之外，那么耐心等待或许不是一件困难的事。然而科学不需要这种看似合理却浅薄空洞的解释。另一种似是而非的观点认为，把上帝与进化联系在一起，是因为此举可以减少人们的偏见或满足人们的情感需求，而不是因为上帝可以作为有力的证据来解释进化是如何产生的。

但是，假设我们承认上帝确实奠定了进化的基础，那么我们这些地球上的俗人能否根据上帝的种种举动推断出他的性格？上帝利用原始粗野的自然选择实现其目的，让整个进化史充斥着相互残杀的行为，这当然会让人们慎重地考虑是否接受上帝对其所造之物怀有无限仁慈的传统观点。

自然选择就是生物在资源有限的条件下生存。而当务之急是要弄清楚正在被选择的是什么。人们会不假思索地说是"物种"，而这立刻又会引出另一个问题，什么是物种？物种有多个定义，每个定义都从不同的角度解释生物之间的关系，因此在像生物圈这样如此复杂的环境中，人们不必太过担心不能用只言片语就概括出物种的本质特点。就本书的目的而言，为了避免因定义太过僵化而阻碍了思想的创新，我们把这一概念模糊化或许是最好的选择。[1]

任何物种都会进化。"现代综合论"在 20 世纪初开始从遗传学角度解释自然历史，认为自然选择取决于生

1　有关这一点的详细说明，请参见我的《伽利略的手指》（*Galileo's Finger*）一书，牛津大学出版社（2003）。

物的可遗传变异、后代的过度繁殖以及它们对环境的适应性。自然选择的过程有时间的局限性，让人无法摸清下一代的进化方向。[1] 这种发展模式不会对目前的生物进化造成影响，但从长远来看可能会带来灾难性的后果。不管怎样，如果情况真的有变，后代也只能去应对。至于追求完美的生物进化这一说法，实际上是不现实的。进化不一定是向着好的方向发展，现在的适当改变或许会成为以后的麻烦。我们基因中的分子垃圾（这里所说的是大量没有被转录并翻译为蛋白质的 DNA 片段，并不是前面说到的普通的分子垃圾）或许对我们是有利的，因为它们可能在以后会突然变得有用，而且如果未来发生灾难，致使环境变得跟我们祖先那时一样，那么垃圾 DNA 还可能让我们返祖，以适应过去的环境。

但是自然选择的作用对象是什么？是物种还是生物个体？又或者是其他什么？每一个个体都在努力实现自

1　没错，此处我所提及的正是理查德·道金斯的《盲眼钟表匠》（*The Blind Watchmaker*，企鹅出版社，1990）及其具有开创性的《自私的基因》（*The Selfish Gene*）两部著作。

身的繁殖而不是种群的繁殖，因此可以将物种排除；构成我们身体的原子会随着我们的消亡而回归自然界，不再具有生命的意义，而被食者的原子会进入捕食者的体内这种说法没有实际的依据，因此原子也被排除。如果它既不是物种也不是原子，那么便有可能是介于二者之间的某种东西。许多人赞成把基因视作自然选择作用的目标单位，也就是说物竞天择实际上是基因争斗的幌子。

基因就是 DNA 片段，我们会在第三章中对其详加阐释。但即便如此，基因也可能不是真正的选择工具。通过回顾性研究我们发现，基因代代传递的实际上是信息，而信息才是自然选择的关键所在。基因——尤其是构成物理基因的 DNA 分子——仅仅是信息的载体，而真正在无意识地"努力求生"的则是信息。从最抽象、最有力、最具概括性的层面来讲，进化是信息战争的结果，信息之间相互竞争，一较高下。或者如果你接受我的观点，认为一切都是垃圾，信息的有效性只有通过回顾的方式才能加以判断，那么进化实际上是垃圾战争的结果，一堆垃圾无意识地与另一堆垃圾相互竞争，一较高下。

　　自然选择理论的核心思想是争夺有限的资源，而该核心思想可以被提炼为一个成熟的观点：信息——恰巧嵌入到物理的基因载体中，如同电脑软件一样增加——在无意间不断地增加，因此几乎肯定可以存在下去。不仅如此，自然选择的潜力十分巨大，因此差不多可以肯定（至少总体上来说它是一个可证伪的预测），无论在哪个星系中发现生命，它都会通过自然选择进化。

　　更深入地讲，自然选择在宇宙中是普遍存在的，为了支持这一观点，我们可以用它来解释我在第一章末尾提到的、与热力学第二定律有联系的世界观。当时我们知道了所有的变化来源于物质和能量的无序扩散，通过事件的相互关联，有序的结构像急流中激起的浪花，随着奔腾的河水骤然消散。我们可以认为，由自然选择而来的进化极其复杂地展现出了整体衰减的相互关联性，是热力学第二定律的终极体现，虱子、老鼠、你和我都是随着物质和能量的无序扩散而诞生的。

　　自然选择和进化同样是理解事物的方式。颇具影响力的乌克兰遗传学家狄奥多西·多布然斯基（Theodosius Dobzhansky，又名费奥多西·格里戈里耶维奇·多布然斯基，Feodosy Grigorevich Dobrzhansky，1900—1975）曾经说过，在生物学中任何事物只有从进化的角度看才有意义。生物本质上是各种特殊成分的奇怪组合，是偶然堆积而成、各部分共生的垃圾场。人体各部分的组合通常被认为是大自然的精妙质朴之作，但实际上她只是无意间把手边的东西拼凑到了一起。要想知道功能器官或生物如何产生，唯一的方法是追溯其世代的历史，从而了解细胞、分子这样的结构单位如何被"征用"，如何变得更具功效或者可以更好地利用资源，又或者如何更好地躲避其他的潜在捕食者。那些否定进化和自然选择的人同时否定了自己拥有理解生物功能和生物结构的能力。

　　自然选择理论对生物学家而言并非没有困难，就像爱因斯坦的引力理论对物理学家一样充满挑战。然而，因为困难而摒弃该理论就像摒弃爱因斯坦的理论一样，是不合情理的。所有的理论都是更加复杂的理论的基础，巨人为后来的巨人提供肩膀。

进化的问题之一是：它是如何开始的。原始生物之间的竞争就是信息之间的一较高下，没有什么问题可言，但物质最初是如何从无机物变为有机物的？或者打个比方，噪声中是如何产生信号的？一种不成熟的宗教观点认为，一定是上帝向物质中注入了生命力，才有了后来的有机物。只忠实于《圣经》原义的信徒或许认为上帝向一堆尘土中注入了生命力，然后立刻就制造出了亚当；而更加成熟的宗教信徒或许认为上帝把生命力注入到了一个分子中，使其能够在漫长的演化过程中由一颗小小的微粒变成亚当。

我尽量坦诚地论述科学所取得的成功和目前所遇到的困难。此外，我必须承认还存在另一个问题，那就是科学的发展有些滞后。科学可以接受上帝通过某种神秘的方式让无机物变为有机物，然后便不再对这个问题进行探索。不过这并不符合科学进取的精神。如果我们在没有明显外力干预的条件下能够找到这一转化过程的实质性证据，这样才会更加让人心服口服，因为它不仅满足了人们的好奇心，而且给人们带来了智力上甚至可能是精神上的满足。

但检测生命的"石蕊试剂"到底是什么呢？是什么导致有机物和无机物之间出现了差别？我们如何知道物质已经发生了变化，从无机物变成了有机物？

生命容易识别但却极难定义。定义如果过于严格则会把可能的生命排除在外，过于宽松则会囊括太多不确定的事物。是否拥有自我复制的能力是定义生命的一个标准，但是它也有其自身的缺陷。比如骡子，虽然可以存活但却无法生育；再比如计算机软件，可以自我复制，但说句老实话，我们认为它并不是活着的生物。把生命的产生归结为生物的进化或许很有吸引力，但这种说法并不适用于第一个出现的生命体，同时也不适用于我们可能在将来合成的任何新生命体。生物是有组织的结构，但集成电路也是如此。生物通过能量在其内部的流动以及向周围的扩散形成并维持自己的组织结构，但是对流也是如此。在加热的液体中会出现对流现象，当然，大气中的对流还会引发天气变化，龙卷风和飓风就是因此而形成的。所有已知的生物都是由碳的化合物构成的。但是如果我们成功地利用硅创造出能够复制、有意识、可以自我维持并消耗能量的实体，那么我们是否会拒绝将其视为生命体呢？病毒有生命吗？

总体而言（我想我在这里所指的是不具体的、一般的、通常的情况），我认为抽象的定义比明确的定义更有说服力，因为它们的覆盖范围更广。我们在对自然选择做简要讨论之时大致提到过抽象的定义，在那一部分内容中我曾经说过，进化可以被想象成垃圾战争的产物，信息在这场战争中努力地让自己传递下去，基因偶然成了信息的载体，可以随意装载宝贵的信息。而且由于有机体的存在十分短暂，因此复制便成了一种信息得以有效延续的手段。由此来说，总体上我认为自己更加青睐于抽象的生命定义，因为它既可以抓住生命的本质特点，又不用过分强调其自然表现。如果抽象的生命定义与抽象的自然选择描述可以互相兼容是再好不过的，因为二者的联系十分密切。因此，生命或许是通过能量的流动来维持信息的存在，但这种方式有其缺陷。或许由于有机体本身无法永生，因此便把可以体现信息的复杂结构传递给能够适应竞争和环境变化的后代。这样，有机体作为一种传递装置让信息得以延续。这种复杂的结构——直到分子水平依然是复杂的——便是信息，它没有随机性，是信号而不是噪声。死亡会使有机体丧失这种结构，信息也随着能量流动的停止而消失。伴着死亡，我们回归自然；伴着死亡，我们由信号变回噪声。

根据这种抽象的生命定义，由流动的能量所维持的复杂结构体现出了信息的相对稳定性，我们的"石蕊试剂"在遇到这种复杂的结构后改变了颜色，发出了"生命"的信号。即使这种检测生命的方法被接受，它也仅仅是帮助人类明确了而不是解决了问题。这似乎表明，单个分子无法存活，而分子只有通过由能量流动所维持的方式聚集到一起才能"启动"生命。然而这又引出了"前生命"（pre-life）的概念。我们会在第 4 章中探讨这个比"来生"更加实际的难题。前生命可能是一个独立的分子，它不但可以使我们的"石蕊试剂"变色，而且具有一种对生命来说至关重要的属性，那就是根据自身形态创造分子的能力，这无疑与上帝第六日以自身形象造人如出一辙。想象创造这样一个分子的过程并不是特别困难，化学家目前正在还原在该过程中所发生的各种反应，并且发现这些反应可以在类似于地球早期环境的条件下发生，如广泛分布的火山活动区、深海热液喷口、温暖的小池塘和大洋以及具有刺激性的太阳辐射。如果我声称这些所谓的前生命化合物（prebiotic compounds）在地球早期环境中被合成，或者甚至像某些人推测的那样，在某种星际介质（interstellar medium）中被合成，那就错了。然而科学界普遍相信，某种不同于神创论的化学过程让前生命物质得以积累。

但这依然不是我们所定义的生命，生命的定义要比这复杂得多。生命是分子聚合的产物。为了实现能量的耗散，分子需要聚合到一起组成一个整体。它们各司其职，一个分子可能会从太阳或火山区那里吸收能量，另一个分子则会接收这些能量并进行反应，第三个分子可能一开始只是单纯地与第二个分子结合在一起，但是十多亿年后，这种结合就变成了一个十分复杂的过程，被称为"吃饭"。负责吸收能量的分子会与负责结合的分子紧密地纠缠在一起，然后继续结合周围环境中的分子。每结合一个分子都会让这个分子聚合体在结合其他分子时更具优势。从那一刻起，进化就开始了。

以上观点纯属推测，但却表明科学家在探索生命起源的过程中想法还没有完全枯竭。要想找到确切答案非常困难，因为我们无法确定生命诞生的实际位置。是在深海热液喷口的附近，还是在温暖的小池塘里？是在土堆上、太空中、火山云里，还是目前未能想到的其他地方？我们也没有把握去准确识别哪些是最先形成的前生命分子以及随后形成的分子聚合体。这个问题太过重要，因此我们不希望贸然地对其进行解释，以至于出现纰漏。谨慎是科学所恪守的准则，是前进的动力，是想象力刺激下的产物。现阶段没有必要承认失败，也没有必要认同神创论的思想。

通过宗教来解释进化论的"表演者"仍有一张牌可打，因为上帝有可能是"制造"的推动者，他就好比银行家，只需要出钱投资，而具体的生产制造则由首席执行官来负责；又或许他仅仅是一个供货商，负责提供可以进化成人类的质子。这种观点表明，上帝不必撸起自己神圣的袖子埋头苦干去制造生物圈，或许他留下具有欺骗性的化石遗迹是为了考验我们对他慷慨的本性和无限的爱是否有足够的信心。但事实与此相反，他通过某种超乎寻常的手段来实现他那神秘大脑中不为人知的目标。上帝与我们在地球上所知的任何事物截然不同，他全知全能，让一切皆有可能。因此，我们不妨做一番猜想：其实，上帝也不知道自己的目的是什么，但我们似乎对此产生了误解，认为自己无法领会其深层用意，无法欣赏其充满无限变化的杰作。其实上帝只是开了个头儿，至于后面如何发展则顺其自然。

反对将上帝比作"天使投资人"的理由只有一种，这种理由也同样适用于任何涉及上帝的情况，那就是没有证据对其进行证明。尽管这个理由看似让宗教与科学达成了妥协，和谐共处，但对于我们这些认为所有的预言都不可靠，除非有公开证据加以支持的人来说，不应让自己陷入这种和解的假象之中，否则只会适得其反。尽管目前对生物圈形成所做的科学解释并不全面，但我们并不需要利用任何与上帝相关的假设——要么将其假设为一个始终存在、爱管闲事的牧羊人，要么仅仅是一个心满意足的创世发起人——对其进行补充。

没有丝毫的证据——信仰算不上证据——可以证明上帝曾经参与了生物圈的创造工作。自然选择是令人厌恶和残酷的过程，是有机体之间的对立。尖牙、利喙、锋爪必不可少，手足情谊则无足轻重，"有人打你的右脸，把另一边也转过来让他打"这种做法只会招致死亡。每天都有羚羊被狮子捕杀，恐惧不断在大草原上蔓延。如果你笃信宗教，那么至少应该在膜拜上帝之前停下来想一想，他为何设计（或只是允许出现）这样一种血腥的方式来保证进化的发展以及人类的出现呢？

正如站在早期巨人肩膀上的巨人对事物有着更深刻的理解，我们基因中的信息也随着时间的推移在相互竞争中不断增加，在这个不断变化的舞台上，垃圾随时都有可能意外地变成信息。如果你在追求深刻理解的同时仍拥有好奇之心，或更加积极、坚定地通过加深理解来增加这种好奇心，那么下面这一极其有力的观点会让你产生强烈的共鸣：所有的生物都是偶然地来到这世上，然后度过自己短暂的一生。我们不仅源自星尘，而且源自混沌。

第三章

诞 生

生物圈的形成十分重要，对你来说同样重要的是：你是如何成了渺小、短暂但就目前而言却非常重要的生物圈的组成部分？你的父母在经过"男欢女爱"——或者可能是犯下了一个错误——后会生出那个自称为"我"的个体，那么他们之间到底发生了什么才会让你来到这世上？

关于我们人类起源的神话有很多，其中很多都与母爱和性爱之间的冲突有关。这让人不由得想起了古希腊神话中的得墨忒耳（对应古罗马神话中的克瑞斯）和阿佛洛狄忒（对应古罗马神话中的维纳斯）之间的冲突。乐于操持家务的得墨忒耳通常都在一门心思地培育作物、养育后代，不料却被投机取巧、破坏他人家庭、拆散他人婚姻的阿佛洛狄忒算计。阿佛洛狄忒虽然嫁给了跛脚的铁匠赫菲斯托斯（对应古罗马神话中的伏尔甘），却仍与他人通奸。就连像个大黄蜂一样胖乎乎、长翅膀、手持武器的小男孩厄洛斯（对应古罗马神话中的丘比特）也是阿佛洛狄忒与纠缠不休的阿瑞斯（对应古罗马神话中的玛尔斯）的私生子。阿佛洛狄忒出生在塞浦路斯的帕福斯，虽然这只是个神话，但却或多或少地体现出了当时人们对于生殖的认识。阿佛洛狄忒这个名字（*aphro* 意为泡沫，*dite* 意为诞生）正说明了她是如何诞生的。乌拉诺斯的生殖器被他疯狂但野心勃勃的儿子克洛诺斯砍掉后扔进了大海，精液随即从中喷涌而出，阿佛洛狄忒便在翻涌的精液泡沫中诞生了。我要提醒大家的是，现如今在地中海东部畅游的时候，采取适当的防护措施仍是明智之举。

毫无疑问，如果这些事件发生在现代，那么整个希腊众神家族和与之对应的罗马众神家族将会受到严密的监视。和他们一样，对于那些奥林匹斯山诸神以外的人来说，生孩子会有更高的危险性。为了鼓励生育并让整个过程变轻松，神话人物是由男性——或许通常都是由女性——所想象出来的，这在大多数文化中都司空见惯。因此，人们很容易就可以识别各种各样的神和神话，而这些神话往大了说是为了鼓励生育，往小了说则是为了安抚分娩的女性。甚至几百年前，在世界的某些地方，那里的人们仍然完全不了解受孕和分娩之间真正的关系。当然，比起我们这个知识爆炸、更具怀疑精神的时代，在那个时候让人们相信处女生子的消息要更加容易。科学已经填补了人们无知的巨大坑洞。我们现在已经对近乎奇迹的基因自我复制有了非常详细的了解，并且除了神的"帮助"之外还有其他方法来促进受孕并消除分娩所造成的危险。在本章中，我将分别从分子和生理两个层面探讨人类繁殖过程的机制。分子、生理、个人、社会、历史、国际等各个层面的复杂性归根结底起源于有性生殖。这种生殖方式在大自然中偶然出现，虽然巧妙地实现了物种的繁殖，但有些混乱而且十分危险。我们需要思考的问题是，为什么大自然最后没有满足于无性生殖这种明显以自我为中心的生殖方式，如果这样的话就不会出现夏娃、海伦、朱丽叶、亚当、埃涅阿斯、罗密欧以及任何能够在小报上引起我们兴趣的人物了，他们可是各种典型社会问题的缩影。

　　首先，让我们来思考一下人类在地球上存在的分子基础。1953 年，弗朗西斯·克里克和詹姆斯·沃森发现了脱氧核糖核酸（简称 DNA）的结构，生物学因此而改变。在此之前，生物学主要是观察研究大自然中的生物。在此之后，生物学成了自然科学的一部分，可以同其他各门科学一样进行定量研究和逻辑分析。自此，分子生物学诞生，它的出现揭示了遗传的规律。

　　目前，大多数人都知道生殖和遗传的分子基础是 DNA。这种几米长的分子被形象地比作螺旋长梯，梯子的每一边都是一个 DNA 分子，而梯子的梯级则是由每一边的原子团以特定的方式连接而成。这种螺旋状的梯子就是著名的"双螺旋"。如果我们把 DNA 分子的梯级想象成实际梯子的梯级，那么人们便能够爬着这架 DNA 梯子直达月球。

在梯子的每一边，构成梯级的原子团根据其化学性质被称为"碱基"，主要有腺嘌呤（A）、胸腺嘧啶（T）、胞嘧啶（C）和鸟嘌呤（G）。碱基 A 有点儿像一把钥匙，只能打开碱基 T 这把锁，而碱基 C 则只能打开碱基 G 这把锁。因此，尽管碱基看似沿着梯子的一边随机排列（比如 -ATTGCATGGCCA-），但另一侧的碱基必须与之匹配（按照上面的排列，这里的顺序就成了 -TAACGTACCGGT-），这样就与对侧的碱基形成"互补"。当两条边分离后，就像把梯子从梯级的中间锯断一样，在每条边上都会形成一条新的互补边。根据特定的连接规则，-ATTGCATGGCCA- 可作为模板形成一条新的 -TAACGTACCGGT-，而最初的 -TAACGTACCGGT- 也可以作为模板形成一条新的 -ATTGCATGGCCA-。这样，我们就在一个螺旋梯的基础上组装出了两个相同的螺旋梯。DNA 分子的这种复制从根本上说就是繁殖，而繁殖的结果则是遗传。

在 DNA 分子双螺旋结构中的一条链（螺旋梯的一边）上，碱基并不是随机排列的。虽然它们很多都没什么用，但那些有用的却创造出了你和我。一条 DNA 链经过编码后会合成蛋白质。在细胞内工作的分子每次会识别一组三个相邻的碱基，比如我们刚才例子中的 -[ATT][GCA][TGG][CCA]-，然后引导特定的氨基酸分子（构成蛋白质的基本物质）与另一个氨基酸分子相互结合，从而形成具有一定顺序的氨基酸分子链。每一组的三个相邻的碱基是一个"密码子"。某些密码子具有标点符号的作用，比如 [TGA] 就是"终止"的编码，它的出现会让整个蛋白质合成工作停止。由此产生的蛋白质几乎控制着我们体内的所有化学反应，并且为人体提供了许多结构组织（比如我们的指甲）和"美容包装"（比如我们的皮肤和头发），可以在保护我们的同时让我们变得漂亮、健康。我们和自己的兄弟姐妹都继承了父母双方的 DNA，这使得大家长得都很像，并且不至于让自己的后代长成青蛙。

DNA 复制并非没有错误，但这才是进化的根源。我在第二章中提到过，错误产生了随机的变异。蛋白质无法按照正确的方式合成就会丧失其原有的功能，在某些情况下这种变异就会表现为疾病。在其他情况下，如果蛋白质的改变恰巧使生物在特定的生态环境中获得了功能优势，那么该物种便得以进化。进化与遗传疾病无法在分子水平上加以分别。大自然已经找到了进化的窍门，那就是不要让"错误"一次出现太多，要循序渐进，不能突然朝着一个全新领域进发。突变几乎肯定会产生疾病，而谨慎有效的变异通过积累才会产生进化。

DNA 分子盘绕在细胞核内，如果和我们想象中长度直达月球的 DNA 分子等比例换算的话，那么细胞核则是直径约为 1 千米的球体。在某些细胞生命周期的特定阶段，DNA 分子分布在许多微小的棒状结构中，它们被称为染色体。这部分内容我很快就会讲到。

人类细胞中含有 23 对染色体，每对染色体的一半来自父亲，另一半来自母亲。在这些染色体中，有两条染色体的区别很大，它们是决定性别的 X 染色体和 Y 染色体。与 X 染色体相比，Y 染色体显得有些无足轻重，但如果有它（XY），那么这个人就是男性；如果没它（XX），那么这个人就是女性。而大自然认为目前没有必要在进化过程中把两个 Y 染色体组合在一起来创造像超人一样的第三种性别。

无性生殖在这一分子水平上是相当简单的。雌性（XX）通过某种方式出芽，而新芽（除非通过生理转换的方式将 X 变成 Y，否则它一定是 XX）必定也是雌性。因此，当 XX 的雌性疯狂出芽时，她便使自己的"XX 形象"遍布世界。在有性生殖的过程中，某个物种的雄性和雌性的染色体数量会减少，而在人类的某些细胞中，这一数量从 23 对减少到了 23 对的一半。它们被称为"配子"。女性的配子是卵子，男性的配子是精子。女性的卵子即所谓的"单倍体细胞"只有 X（因为雌性本来就没有 Y 染色体），而男性的单倍体细胞中要么有 X 要么有 Y，因为他最初就是由 XY 所共同决定的。精子成功地在卵子内受精后，胎儿如果是 XX（来自女性的 X 和男性的 X），那么便是女孩；如果是 XY（来自女性的 X 和男性的 Y），那么便是男孩。要想创造拥有 YY 染色体的"超人"，一对拥有 XY 染色体的男性需要找到某种繁育后代的方法，届时民事伴侣关系也将会进入一个新的维度。

我认为有了这一分子基础后，大自然采用有性生殖的方法来确保生命的繁衍和消亡是一种非常稳妥的策略，至少对于人类和哺乳动物来说，有性生殖要比无性生殖具有更大的潜力。单性生殖（没有雄性受精的生殖方式）在植物中较为常见，也出现在某些动物中。动物的单性生殖通常是非常时期所采用的生殖策略。在这个过程中，雌性仅仅依靠自己进行繁殖。事实证明，这是自然选择无意中创造出的一种明智的策略，因为这样雌性只能根据自己的形象繁衍后代，而且其后代都是雌性。由于雌性与一般的商品菜园一样都是宝贵的"繁育

存在与科学

土壤"，因此该策略有助于确保物种在繁殖过程中只出现微小的改变。换句话说，单性生殖是一种等待时机的策略，而雄性的出现则是好时机的来临。

单性生殖的类型多种多样。在被称为"杂合发育"的过程中，雄性和雌性正常交配，父母的染色体都会在后代中出现。然而雌性产下受精卵后，其中所包含的遗传物质几乎与它从雌性那里获得的遗传物质相同，但却没有雄性的遗传物质。因此，尽管雄性贡献出了自己的染色体，但只是促进了雌性染色体的复制。"雌核发育"也是一种雄性催化的单性生殖形式。在这种情况下，雄性仅仅是雌性染色体复制的催化剂，并没有以父亲的身份参与到生殖的过程中。如同正常的单性生殖一样，雌性产下卵子开始对自己进行复制，但她只是在雄性精子的刺激下才这样做。任何雄性的遗传物质都不会进入下一代的体内。这种繁殖方式的问题是一个物种当中的雄性很快就会消失。某些中生代的遗留生物，比如蝾螈（特别是钝口螈科的生物），要想补充雄性来刺激单性生殖，要么偶尔关闭其防御

078

机制让精子进入卵子，从而有机会产下雄蜾蠃；要么时不时地与亲缘关系较近的其他物种交配，以此保证雄蜾蠃的数量。

如果一个物种已经进化到了完美的程度，而且其生存环境没有变化，那么单性生殖或许是一种稳定的繁殖策略。尽管有人声称人类是上帝按照自己的形象创造而来的，但没有任何一个物种是完美的。随着新旧气候的交替以及新捕食者的入侵和袭扰，环境将会一直发生变化。尽管求偶需要运气，交配后还会混入外来的基因，但有性生殖可以让物种迅速应对变化，从长远来看，这似乎是一个更好的策略。换句话说，物种最好不要把希望寄托于完全自我复制这种繁殖方式上，而应该与其他境况相似的近缘物种相融合。虽然信息的载体无法永存，但信息几乎是可以永存的，只是需要付出一定的代价，即物种同一性的丧失。

现在我要把分子和性结合到一起，从这两方面为大家讲解一下神奇的生殖过程。在分子水平上，人类

080

的繁衍任务是复制自己的 DNA——承载着宝贵信息和大量垃圾的载体。大自然已经发现，通过一男一女两个个体实现信息的永存是目前最适宜的方法。减数分裂（meiosis，来自希腊语，意为"减少"）的机制存在于每个个体中，其中正常的"二倍体"（diploid）细胞或 23 对染色体（包装 DNA 的棒状结构）变成只有 23 条独立染色体的"单倍体"细胞。它们便是配子，雄性的配子称为精子，雌性的称为卵子。普通意义上的复制即按照细胞的原样产生相同的细胞，以此达到生长或修复的目的，比如皮肤的更新。这一概念理解起来比较简单，因此我会先从它开始讲起。我们的大自然相当地挥霍无度，并没有经过巧妙的设计。其实制造一个具有特殊用途的细胞不需要个体基因组中的所有信息参与其中，但她还是把包括垃圾信息在内的所有遗传信息都复制了一遍。我宁愿相信智慧设计者会按照自己的方式对细胞的复制方式加以限制，而不是把有用的和没用的统统复制。这种做法就像某人不按自己的菜谱做菜，而是把整本烹饪书里的菜式甚至是其他毫不相干的事情统统做了一遍，令人十分不解。尽管如此，但这就是自然之道——虽然人们吹嘘大自然是一种节约的设计，但实际上是挥霍后的产物。

我必须提醒大家，以下段落的内容相当复杂，我把这些段落放在这里只是想将近年来科学所取得的非凡而深刻的认识传递给大家。如果你不想在这些细枝末节的问题上耽误时间，并且可以毫不犹豫地接受这些近乎奇迹的深刻理解，那么你可以跳过这些内容。

生物细胞（每个人都是由数十亿个细胞共同组成）由一层外膜包裹，里面是富含蛋白质且像糖蜜一样黏稠的液态细胞质。细胞核漂浮于细胞质中，而 DNA 就储存在细胞核里。我们还需要知道，细胞中含有被称为微管的支架，可以或多或少地保持细胞的形状。此外，一个细胞中还有两个小型的微管簇，即中心粒，我们很快就会讲到它。细胞核内存在各种不同的结构，染色质就是其中之一，它是缠绕在一起的丝状 DNA。

　　细胞复制分为两个阶段。第一个阶段是分裂间期，它又被分为三个连续的环节。细胞通过合成其所需的大量蛋白质为复制做好准备。然后细胞核中的DNA开始复制。前面我已经讲过复制是如何发生的：DNA分子的双螺旋展开，每条链都作为模板形成新的双螺旋。最后，当细胞核内同时出现两个相同的DNA分子时，细胞分裂所需的蛋白质也就此合成，然后分裂间期结束。

　　接下来便是有丝分裂期（mitotic phase 或 mitosis，源于希腊词语，mit 意为丝线，osis 意为过程）。在有丝分裂开始的时候，细胞核中杂乱分散的染色质聚缩成独立微小的棒状结构。它们就是那23对染色体，一半来自父亲，一半来自母亲。但是，由于DNA已经在分裂间期复制完成，因此每条独立的染色体实际上都拥有几乎相同的双份DNA。确切地说，每条染色体都由一对姐妹染色单体组成，它们通过在其中心处的着丝粒连接在一起。想象一下卷曲的字母X（别把它和X染色体混淆）中心有一个纽扣状的突起，它就是连接两个染色单体的着丝粒。

差不多在同一时间，从细胞核中发出的化学信号命令中心粒微管开始复制。由此产生的两个姐妹中心粒通过细胞质向彼此伸出长长的微管，这样将自己推向细胞的两极。与此同时，细胞核的核膜破裂并释放出其中的染色体。然而染色体只获得了短暂的自由，因为从中心粒发出的微管的末端在细胞质中蜿蜒前进，直到附着在着丝粒上，随后将染色体拉到已经膨胀的细胞中央的平面上。这个过程需要几分钟的时间，最后便会出现两个概念上的原始细胞。每个原始细胞中都有一个中心粒，并且所有染色体都排列在同一水平面上，从而让自己的一个染色单体伸入到一个原始细胞中，而另一个姐妹染色单体则伸入到另一个原始细胞中。此时这种结构仍是在单个细胞内，而且其中没有可见的细胞核存在。

在这个过程的最后，姐妹染色单体被两个中心粒各自所发出的微管拉开，然后被新形成的核膜包围并解旋成纠缠在一起的染色质。已经完成了拖拽染色体工作的长微管开始分解，细胞膜自身逐渐向中间收缩，直到形成两个新的子细胞。这样，最初的一个细胞变成了两个，每个细胞中都有完整的 DNA。这就是我们微观的生长方式。

复制的内容就讲这么多，下面我们再来看一下生殖。我在前面已经讲过，有性生殖就目前而言是自然界中最适宜保存信息的方法，把两个十分相似的个体的 DNA 混合到一起要比单一个体一味地复制自己的 DNA 更加有效。大自然通过减数分裂（前面已经提到，该词的英文来源于希腊词语，意为减少）达到了这个目的。在这一过程中，位于生物某些特定部位的正常二倍体细胞被切分成了单倍体细胞，它们在雄性体内被称为精子，在雌性体内被称为卵子。然后，雄性和雌性通过交配重新产生正常的二倍体细胞并且不断复制，数量逐渐增加，一直达到组成生物个体的数万亿个细胞。

减数分裂有点儿像有丝分裂（这再次体现出了大自然"物尽其用"的保守性），但是却有许多微小但重要的差异。减数分裂分为两个阶段：减数分裂 I 和减数分裂 II。此外，当父母双方的遗传信息混合时，DNA 会重新配对，这一步至关重要，被称为联会（synapsis）。

在减数分裂 I 的过程中，注定要变成单倍体配子的二倍体细胞会经历相对忙碌的准备间期。与之前的有丝分裂一样，这个间期是为了把染色体拉开做进一步准备，最后染色质聚缩成染色体，每条呈卷曲 X 状的染色体都由一对携带相同 DNA 的姐妹染色单体组成。请记住，这些染色体中的 23 条染色体来自父亲，另外 23 条来自母亲，每条染色体都复制了细胞的原始 DNA。在这个阶段，我们知道了 DNA 的确切来源。

为了尽可能地简单解释，我会重点讲解每个细胞核中单个的染色体对。我用 FM 来表示这样一个染色体对，其中 F 是由父亲提供的 DNA，而 M 是由母亲提供的 DNA。因为每条染色体的 DNA 在间期都已复制，所以染色体 F 现在是一个染色单体对，在纽扣状的着丝粒处相连，我将其表示为 ff。同样，染色体 M 也是一个经过复制的卷曲 X 状的染色单体对，我将其表示为 mm。

微管从中心粒伸出，把配对的染色体组合到一起。这样，染色体 M 就被拉到了染色体 F 边上。这对染色体由四条染色单体组成，其中 ff 来自父亲，mm 来自母亲。染色体 F 的两个染色单体 ff 和染色体 M 的两个染色单体 mm 在其自身多个位置上相互接触，并且 DNA 片段会在这些染色单体之间随机转移，形成所谓的交叉互换（cross-over）。此时，染色体 M 和 F 不能再被视为真正的 mm 和 ff，它们现在已经相互混合了。我把已经发生了变化的染色体 F 称为 F'，M 称为 M'。而组成染色体 F' 的两个染色单体也相应地变为 f1f2，M' 的染色单体变为 m1m2。这四个新的染色单体——f1、f2、m1、m2——每个都多少随机地由最初的 f 和 m 的 DNA 组成。因此就这一点而言，父母的遗传信息混合在一起，在适当时候产下的后代会与父母双方有相似之处，但不是一模一样。

现在，减数分裂 I 继续通过与有丝分裂大致相同的方式进行，只是中心粒发出的微管把 F'M' 向相反的方向拉，染色体 F' 整个被拉进了一个子细胞中，而染色体 M' 则被拉进了另一个子细胞中。这一过程最终形成了两个单倍体细胞，每个细胞所含的染色体都由经过交叉互换的染色单体组成。一个细胞含有由染色单体 f1 和 f2 组成的 F'，另一个细胞含有由 m1 和 m2 组成的 M'。

在减数分裂 I 形成两个单倍体细胞后，减数分裂 II 开始。这个阶段就像另一个有丝分裂过程一样，而这一次的结果是构成染色体的染色单体对被真正分开。减数分裂 II 在最后与有丝分裂一样会产生四个单倍体细胞，其中每个都包含一条由染色体分离而来的染色单体。因此，染色体 F' 分开后，其染色单体分别进入了两个细胞中，一个细胞中含有 f1，另一个细胞中含有 f2；染色体 M' 的情况与之相同，一个细胞中含有 m1，另一个细胞中含有 m2。所有染色单体的构成都与亲本不同，但都利用了他们的遗传物质片段。最初，一个二倍体细胞的细胞核中只包含一对染色体 FM，而现在却变成了四个单倍体细胞，每个细胞中都有混合的遗传物质。

大自然所面临的下一个问题是如何让一个人的单倍体配子（精子）进入到另一个人的单倍体配子（卵子）中，从而获得一个新的二倍体细胞，然后不断复制长成新的个体。这仍是一个近乎奇迹的过程，人类已经能够将其揭示出来，对此我们应该感到由衷的高兴。与之前在分子水平上所讲的内容不同，下面我会把视线转移到细胞水平上来描述这个近乎奇迹的过程，但仍少不了分子参与其中。

在男性的身体中，配子会转化为精子。睾丸中的某些细胞，即精原细胞会进行有丝分裂，直到人的青春期开始这一过程才会结束，从而分裂出更多的精原细胞。在青春期，细胞的分裂过程会产生两种二倍体细胞。一种仍是可以产生后代的精原细胞，而另一种则变成了精母细胞。后者是二倍体细胞，但是经过减数分裂 I 和减数分裂 II 两个阶段后变为单倍体配子，也就是精细胞。

现在，精细胞这个小家伙长出了一系列的附属结构。如果幸运的话，它尖锐的头部可以穿透卵细胞，而摆动的尾部可以使它在性交时和结束后游过各种液体，最终到达受精部位。精子的结构非常像阿波罗登月火箭，遗传物质位于其顶部的"太空舱"内，而"推进装置"则位于底部。除了不是由火箭发动机驱动以外，精子和火箭还有一个主要的区别，那就是精子运动所需的"燃料"主要来自其游过的液体中的糖，这种不依靠自身而从周围获取"燃料"的方式极具研究价值。

女性的情况则大不相同，因为卵子比精子需要更多的"照料"，而且它在女性身体中"创造奇迹"所需要的时间要比精子在男性身体中所需要的时间长很多。女性的生育能力在其胎儿期就已经确定，因为在适当的时候，二倍体细胞会通过正常的有丝分裂过程形成并复制卵子，而且在女性出生时，她的卵巢中已经有将近 50 万个这种所谓的初级卵母细胞。女性在一生中只会排出大约 500 个这种具有繁殖潜力的细胞进行受精。形成四个单倍体配子的减数分裂过程在出生前不久就已经开始了，但该过程受到抑制始终无法完成，直到经过为期 12~14 年的儿童期后才得以继续。到了青春期，减数分裂又重新恢复，但要非常小心，并且要注意受精卵对于营养的特殊需要，这样该过程才能顺利进行。

在青春期开始时，每月都会有一些初级卵母细胞醒来，其中有一个或两个受到刺激的初级卵母细胞会在经过减数分裂 I 后形成两个单倍体细胞。但是与男性不同，考虑到未来的需要，这两个细胞的大小并不相同。一个是次级卵母细胞，在细胞分裂时占据了大部分的细胞质，因此个头较大，另一个则是第一极体，是个小不点儿。后者可能会也可能不会经历减数分裂 II 从而产生两个单倍体细胞，但这种细胞没有未来，并会在适当的时候分解。（因此，那些认为每个卵子都有权获得生命的人或许要反思这么一个问题：上帝在造物的时候似乎并没有考虑这一点。）

如果有机会的话，次级卵母细胞才会真正成为卵子。但是，即使经过那么多年，它也没有完成减数分裂 I 这一过程，而且它的细胞核内还存在着一对对相互连接的染色单体，它们含有经过多次交叉互换后混合到一起的遗传信息。实际上，只有精子幸运地突破次级卵母细胞的防御后，减数分裂 II（染色单体分离并形成一对单倍体细胞）才会开启。如果精子真的进入了卵母细胞中，那么减数分裂 II 将立刻开始，这恰恰体现了减数分裂过程的高效与经济。但是，与女性的减数分裂 I 一样，减数分裂 II 产生的细胞也是大小不一，一个细胞占据了大量的细胞质，而另一个细胞——第二极体——则非常小，注定无法产生后代，只能分解然后消失。在这个漫长的过程的最后，通过男性精子的小小刺激产生了两个"弱小"的极体和一个"营养充足"的受精卵，两个极体用自己的"牺牲"换来了一个新生儿。营养充足的受精卵需要在七天的输卵管之旅中自给自足，然后在子宫着床后才开始从母亲那里吸收养分。从这时起，受精卵便开始发育，直至成人，并且在适当的时候会重复整个过程来繁育后代。

　　总的来说，这就是你的整个成长过程。我认为有两点需要大家注意。第一，大自然的运作机制非常复杂。这让某些人感到震惊、不知所措。他们认为盲目的进化根本无法产生这样的复杂性，一定是由某种外力（上帝）设计创造而来。而对于另一些人——那些真正的科学家——来说，他们虽然对此感到震惊，但并没有不知所措。他们相信，自然选择充满了非凡的潜能，多少带有随机性的变异经过积累，逐渐演化出了惊人的复杂性，小溪终究汇成了大河。人们如果从单细胞生物开始研究进化的发展，几乎不可能预测出随机变异的累积会产生如此复杂的结果。但是大自然通过现有的复杂机制证明了这种可能性。始终让科学家们感到困惑的是：这种复杂的机制到底是如何在自然选择的影响下出现的呢？这依然是进化的未解之谜。但这并不意味着很少有人去思考这一问题。如同生命起源之谜一样，进化生物学家对此并非没有思考，只是仍未确定哪个想法是正确的。

第二，从分子和细胞两个层面一起揭示这种机制充分证明了人类的协作能力，这也表明，通过细致、公开、国际共享的调查研究，我们究竟可以取得什么样的成就。总而言之，这一切都离不开科学。我们虽然源自星尘与混沌，但我们却是光明的传播者。

第 四 章

死 亡

从出生到死亡，从摇篮到坟墓，生命都有结束的那一刻。接下来，我们要把目光转到死亡这个话题上来。人类会感到困惑、忧虑，无法接受自己终有一死的现实，这为与死亡有关的神话带来了强大的创作灵感，但很少有神话可以直面死亡，对其毫不避讳。

就这一点而言，或许没有一个地方可以像古埃及一样将与死亡有关的神话描绘得如此细致，细致得几乎涉及了生活的方方面面。这些神话在当时压倒了现实，蛊惑了民众并控制了经济。古埃及人认为，人由六个部分组成，其中三个部分具有相对物质的属性，而另外三个部分则更具有精神的属性。这仅有的三个与物质相关的部分分别是身体（*khet*）、姓名（*ren*）和影子（*shut*）。三个与精神相关的部分则分别是卡（*ka*）、巴（*ba*）、阿赫（*akh*），确切地说，这三个概念非常晦涩难懂，或许我们可以将其看作与精神有关的存在。卡或许最接近我们所认为的灵魂，它负责人类的永生。古埃及人通过观察发现，尸体在干旱的沙漠中腐烂较慢，因此当时的人们受此启发，认为卡在冥界寻找它原来的尸体，将其认出后进入其中，让该尸体以及卡的主人恢复永生。如果卡焦急辛苦地寻找多年，翻遍无数死尸后仍未找到它的主人，那么其结果将是第二次更加彻底的死亡。因此，古埃及人相当重视尸体的保存，如果尸体腐烂严重，那么卡将无法辨认出它以前所在的身体，后果便如前所述。

心脏被认为是自我、才智和情感的源泉，这种观点在许多文化中都很普遍，并且还渗透到了我们的语言中。此外，与大脑这一相当奇怪的头部填充物相比，心脏则更加重要。因为人们认为大脑除了可以保持头部的形状以外，似乎没有太多的用处。所以，人们一般将大脑从鼻孔中吸出后丢弃，然后把树脂、沥青或亚麻布填入空的脑壳中。但是心脏的待遇可要高级得多，圣甲虫会做它的"代言人"。在冥界之王奥西里斯审判时，圣甲虫可以为它原来的主人辩护，使其免于惩罚。圣甲虫有时会被做上标记，以此避免出现任何差错。它会被牢牢地保存在死者身上，为其带来重生的希望。就连平民也有机会永生。至于法老，他们会通过复杂的木乃伊制作过程想尽一切办法让自己永生。他们通过制造精美的面具来确保自己的卡不会在众多已经腐烂的尸体中与自己"擦肩而过"。在不是那么干旱的地区，尸体确实会腐烂，相应地也就很少有人想要为了个人重生而保存尸体。我们要么在火葬场的熊熊烈火中灰飞烟灭，要么在蛆虫的肚子里慢慢被分解，所有人都无法逃脱此命运。面对死亡，诚实而勇敢的做法是去思考真正会发生在我们身上的事情，而不是去相信我们遥远祖先那充满希望但毫无根据的猜测。

下面，我将假设自己已经死了，并以此为例来说明整个死亡的过程。不过值得庆幸的是，在我撰写本书期间，死亡并没有降临到我身上。但是总有一天它会来的。知道自己死亡后的身体变化对我来说是很有趣的一件事，因为我的身体就像一个相伴多年的老友，尽管它有各种各样的癖好和越来越多的缺点，但我还是很喜欢它。虽然这是我写的一份关于自己的"尸检报告"，但你可以通过它来提前适应自己将来的死亡，当然我希望它来得不要太快，因为一旦我们的生命终止而我们的尸体没有被立即火化，那么必然会出现我所说的身体腐烂，而这一过程实在不太容易让人接受。

为了让这份"尸检报告"更加精彩，我将假设死后的自己会出现各种各样的情况，而这些情况可能会出现在我们每个人身上，也可能不会，总之因人而异。有时我会一时兴起，幻想自己被枪杀、死于一起交通事故或死后被遗弃在阴暗的森林里。为了尽可能地让你我死亡后的变化一致，我会排除身体状况的差异、意外、谋杀或任何可能会发生在我身上的事情。此外，为了把死亡的过程描述得更加完整，我会假设自己的尸体在一段时间内未被发现也没有被火化。我将对各种场景加以利用，以此涵盖更多的情况。

与之前讲解人类诞生的过程一样，我会把死亡分成两个阶段进行讲解。首先要讲到的是尸体直观的物理变化，比如体温的变化以及恶心的皮肤脱落。然后我会在微观的层面上带领大家进行观察，看看死亡究竟对我们的分子意味着什么。我希望我的描述可以适当地把敏感性和真实性结合在一起。可以肯定的是，写这部分内容除了给我带来某些启发之外并没有让我感到高兴，甚至在重读的时候还会让我感到不安。

热石头、铁块，甚至一杯茶都是无生命的物体，根据牛顿冷却定律，它们的冷却速度与自身及其周围环境之间的温度差成正比。因此，无生命的物体一开始冷却得很快，然后冷却速度随着它的温度接近其周围环境的温度而逐渐变慢。要想准确地知道任何物体的冷却速度，关键是要知道它的组成成分及大小。严格来说，冷却速度取决于"热容"这种物理性质，高热容的物体会吸收更多的热量,因此冷却得较慢。水的热容很高,这就是冬天的湖上结冰缓慢、海洋可以保持热量平衡并有助于稳定地球温度的原因之一。由于人体中大部分都是水,体温降至周围环境的温度是个相当缓慢的过程,精确的速度取决于人体与其周围环境的热接触程度。

不过人体并不是简单的无生命体,就连死后也不是。尸体不是一杯茶而是一个复杂的组合体,其中不同的组织经过分解会发生化学反应,从而产生热量。尸冷(algor mortis)——即死后尸体变冷——根据尸体的衣着和周围环境情况的不同会有很大的变化。过去人们认为,人死后,其直肠温度从37℃左右的正常"存活"体温每小时下降略小于1℃,这种说法现在看来并不是特别可靠。实践表明,尸体在最开始的半个小时左右(有时时间会更长)冷却得很慢,然后速度加快,直到与其周围环境的温度相一致。因此,在一般情况下,如果最初尸体缓慢冷却阶段的时间很短,那么最后这一阶段的冷却速度就会提高。在某些情况下,特别是在有感染的情况下,死亡后的尸体温度可能会升高。

在我死亡的时候，尤其是在我受到创伤、休克后死亡的情况下，我的直肠温度可能会很低。我的尸体开始迅速冷却，至于到底有多迅速则取决于多种因素。首先，它取决于体重。高大的尸体含水量更高（想想之前海洋的例子），因此比矮小的尸体冷却得慢；由于脂肪具有绝缘性，肥胖的身体比苗条的身体冷却得慢。我不是特别胖，所以我的尸体更像是个小池塘而非大湖泊，因此我第二阶段的尸冷速度也相应地变快。通过实验可以证实，一慢一快的两个尸冷阶段具有相关性，据此或许也能够推断出较慢的那个阶段不会持续太长的时间。

衣物会隔绝寒冷并延缓尸冷，尤其是覆盖到躯干的下部，其抗寒效果会更加明显。出于讨论的目的，我们可以再次假设我在死亡的时候身上是穿着少量衣服的。据说裸体的冷却时间大约是衣着完整的尸体的一半。因此我们可以推断，我在不胖且近乎全裸的状态下会迅速冷却。湿衣服会加快热量的传导以及水分的蒸发，从而提高尸体冷却的速度。在某些情况下，也许生前遭到了暴徒的袭击，我会因为恐惧和痛苦而尿裤子并哭泣，这样死后我的尸体冷却速度便会加快。

尸体在微弱气流中的冷却速度也会加快。因此周围的环境温度也是影响尸冷速度的一个重要因素。很可能在相当寒冷的某一天，我在树林中散步时倒地身亡，那么我的尸体会迅速冷却。尸冷的速度在潮湿的空气中会更快，因为潮湿空气的热导率——即导热的能力——更高。

通过传导所损失的热量对一个活人来说是无足轻重的，因为辐射、对流和汗液的蒸发才是人类主要的热损失方式。人体正常运转的耗能功率大约在 100 瓦特左右，通过食物的代谢予以补充。"非可感散热"是指水分按照基本恒定的速率从口腔黏膜、肺、皮肤蒸发所损失的热量，大约占新陈代谢和身体活动产热的 10%。当下丘脑的感受器在皮肤和身体内部感受到温度上升的潜在危险时，下丘脑便开启出汗这一调节机制。皮肤内的血管也随之扩张，温暖的血液在其中循环得更加顺畅，通过辐射、传导、对流等方式使损失的热量增加。汗腺分泌的汗液在皮肤表层不断增加，而它的蒸发对人的影响很大，因为即使少量的汗液蒸发也会吸收大量的热量。因此，如果没有热量补偿，蒸发掉 1 升水会吸收 2000 千焦的热量。这足以将 60 千克的水从 37℃冷却到 0℃，并且会使将近 10% 的水结冰。我们在剧烈运动中每小时所产生的热量相当于蒸发 1 升水所需要的热量。

假设我因事故或受袭而失血过多，处于低血容量休克状态，我的血管随即便会出现收缩，体表温度也因此大幅度下降，这时我可能不会通过出汗、辐射和对流的方式散热。但是，如果我被迅速转移到冷的地方，并且我的身体与冷的表面有密切接触，那么通过传导可能会散发出相当多的热量。当法医病理学家试图通过测量直肠温度来估算死亡时间时，他需要将体表接触这一细节考虑在内。

"原发性肌肉松弛"是死亡的标志，表现为肌肉松软，死者尸体沉重。这种情形正是演员在戏中被枪杀后的画面，已经被好莱坞拍摄了数千次之多。我如果遭到枪杀，也同样会重重地倒在地上死去。几个小时之内我会出现尸僵，关节也无法活动。要了解尸僵发生的机制，我们需要研究肌肉（戏称"小老鼠"）的结构及其运动方式（随着收缩和放松，肌肉会在皮肤下形成像小老鼠一样的凸起），还要从分子——死亡最后的"见证者"——的角度稍加深入地了解生与死。

为了展开后面的内容，我们首先要知道，根据科学家专业客观的看法，生命是在打破某种平衡，而死亡通常是迫不得已地实现这种平衡。受孕、妊娠和分娩都是可以暂时打破平衡的"工具"，而伴随着死亡而来的则是这些"工具"最终不可逆转的消失。

我所说的"平衡"不仅仅是生活与工作之间的平衡，它还是一个与化学变化方向有关的专业术语。所有的化学反应，特别是构成生命过程的众多化学反应，都倾向于朝着一个特定的方向发展。那些相信道教的人会认为，有一种力量在推动这些生命的进程朝特定的方向发展。另一方面，我们这些科学家知道，这种推动力十分常见，定义明确，而且人们完全可以理解，它便是热力学第二定律所说的物质和能量无序扩散的自然趋势，我们已经在第一章中对其进行了讨论。我们不需要在这里详细地探究混沌中自发形成的外力是如何推动化学反应有序进行的。[1] 我们只需要知道，根据化学反应的规则，氢和氧会在能量位置以及原子位置的变化中保持联系，容易结合形成水，而水则不易分解为氢和氧。要想从水中获得氢和氧，我们必须把水分解，可以将电池产生的电流传入水中来完成这项工作。与水的形成相反，蛋白质分子的自然变化方向是分解。为了合成蛋白质分子，某些反应必须得"反其道而行之"，其组成成分——这里是氨基酸——被迫连接在一起。因此，氨基酸的连接与蛋白质的形成正是这种"逆自然"的过程与其他"自然"过程的结合。

我们可以拿物体的下落来打个比方。物体的自然趋势是落到地上。如果我们想把物体升高，利用绳子、滑轮以及另一个更重、位置更高的物体就可以将其实现。

---

1 *Four Laws that Drive the Universe*, by Peter Atkins, Oxford University Press(2007); 也见 *The Laws of Thermodynamics: A Very Short Introduction*, Oxford University Press（2010）。

要想把这个更重的物体升高到其工作位置，我们得让一个比它还重的物体下落，以此类推。这就是我们必须吃饭的原因。食物的代谢就像重物的下落，我们体内的生化反应就像复杂高级版的绳索和滑轮，而蛋白质的合成则可以被看作重量较轻的物体的上升。至于我们所摄取的食物（相当于那个有一定高度、准备下落的重物），则是通过光合作用的复杂反应（另一套复杂的绳索和滑轮）而长成的农作物，归根结底来源于太阳所释放的能量（所有重物中最重的那个物体的下落）。

人体内重要的生化反应离不开一种分子，它便是在每个细胞中都扮演重要角色的三磷酸腺苷（adenosine triphosphate，简称 ATP）。这种大小适中、呈蝌蚪状的分子由一个圆形的头和一条由三个磷酸基团（磷原子和氧原子组成的原子团）连接而成的尾巴组成。重物的下落相当于失掉了 ATP 最尾端的一个磷酸基团，于是剩下的分子就成了缩短后的二磷酸腺苷（adenosine diphosphate，简称 ADP）。这一过程与其他化学反应结合在一起，广泛出现在每个生物体的细胞中，它是自然界最常见的反应之一。在蛋白质合成阶段，要想把两个氨基酸分子连接在一起，大约需要 30 次这样的反应。人体之所以能够不断以这种方式合成蛋白质是因为磷酸基团会重新附着到 ADP 分子上，使其重新变成 ATP。这种反应的"燃料"便来自我们的一日三餐。

平衡就好比所有的物体都落到了地上，ATP 全部耗尽，变成 ADP 散落一地，就像黑手党枪战后的尸体，再也没有办法打破平衡。在宇宙尺度上，平衡是指太阳这个重物熄灭，再也不能让轻的物体上升。就个人而言，平衡就是我们所有的物体都已落地，所有的绳子都已断开，所有的滑轮都已毁坏。蛋白质不会再由氨基酸合成，所有的蛋白质都已分解。我们所有复杂的结构都已被分解：具有催化作用、构成人体丝状结构和外部组织的蛋白质消失，人体细胞膜上的脂质消失，储存意识的神经元也一并消失；带着重要信息在身体里匆匆穿行的小分子消失，为人体的活动以及大脑的思考提供能量的碳水化合物也消失。然后，最为主观的概念——我——消失。

你我的生命都是暂时打破这种平衡状态。经过受孕和分娩后，我身体中复杂的理化结构不断发展，形成了一个繁忙复杂的网络，不断让物体上升，以此来维持人体的机能。这些物体并不是被放在架子上处于静止平衡的状态，因为那意味着我将是一个没有反应的有机体，是一尊雕像，而不是一个活人。作为活着的有机体，我的反应依赖于这些物体的上升。因此，人要想活着，就得合成并利用蛋白质，即物体必须升高但不能被放在架子上。我们还可以由这个比喻引申出其他精彩的比喻。我们可以将该过程比作性感迷人的少女，但不能比作老姑娘；可以比作夏天的蜂巢，但不能比作冬天的盆栽大棚；可以比作周六的牛津广场，但不能比作周日的华尔街。这也就是说，我体内的化学反应网络需要通过新陈代谢时刻处于活跃状态并加以维持。当该网络遭到破坏，新陈代谢便无法继续下去，而我这个有机体也就停止了运转。于是，我死了。

知道了 ATP 之后，我们就可以开始了解尸僵是如何发生在我的身上了。单独的一块肌肉由很大的一束纤维组成，每条纤维都是一个单独的细胞，其中包含大量由胚胎细胞融合后形成的细胞核。此外，每条纤维的长度最多可达 30 厘米左右。每条纤维的内部也是纤维状的结构，由纤维状的分子束组成。我们可以想象肌肉里全是纤维，就连分子也都是纤维状的，全都被捆绑在一起。

对于肌纤维来说，有四种分子非常重要，它们分别是肌球蛋白、肌动蛋白、原肌球蛋白和肌钙蛋白。下面我将逐一介绍它们的功能。我们可以把肌球蛋白分子想象成一条两端为球状的绳子，把绳子折叠使其末端连接在一起，再把折叠后的绳子扭转数次就是该分子的样子。然后这些单个的分子会并排排在一起，组成表面有许多球形头部的粗肌丝。位于这些粗肌丝之间的是细肌丝。由此可见，科学家对于事物的命名并不总是充满着想象力或晦涩难懂。一根细肌丝是由缠绕在一起的四条分子链组成。要想对这种结构有所了解，可以把肌动蛋白分子想象成两根扭曲在一起的绳子，然后被两条细长丝状的原肌球蛋白分子缠绕，起到加强和聚拢的作用。单个的肌钙蛋白分子团沿着细肌丝嵌入其中。这些分子就像按扣一样把成串的肌动蛋白分子和丝状的原肌球蛋白分子捆绑在一起，然后将它们固定住。此外，如果存在钙离子（带电的钙原子），那么肌钙蛋白分子团还会与其结合。

在静止状态下，细肌丝和粗肌丝彼此穿插排列，但存在纵向间隙。当肌肉收缩时，粗肌丝的头部会沿着细肌丝行走，二者的重叠程度增加，肌肉由此缩短。我在活着的时候不管做什么，比如将本章的内容打出来或做其他与运动相关的事情（走路、指指点点、说话、夸夸其谈、呼吸、眨眼），我的粗肌丝都沿着细肌丝移动，然后再分开。

让我们想象一下，我在眨眼的时候在分子水平上会出现怎样的变化。再次说明，下面我要展示的细节内容对于文章整体的论述并不是特别重要，因此大家可以略过下面的三段内容。然而我之所以将其放在这里，是想让大家知道，科学家们已经成功地揭示了生命形成的非

凡过程，并且对其有着非常深刻的理解。而且你还会了
解到，为了降低尸体复活的可能性，在分子层面上究竟
发生了什么。

　　启动这一过程的信号——我的大脑通过这个过程
示意我应该眨眼，因此这个过程连接了我的思想与行
动——是钙离子进入我眼睑的肌细胞中。在静止状态
下，丝状的原肌球蛋白分子盘绕在扭曲的串状肌动蛋白
分子周围，从而阻断了肌动蛋白上的受体，粗肌丝的球
状头部无法附着其上。按扣一样的肌钙蛋白分子沿细肌
丝分布，当钙离子响应了沿神经元传递的信号并到达相
应位置后，便附着在了它们的受体上。因此肌钙蛋白分
子会稍微变形。这种变形使原肌球蛋白丝与扭曲的肌动
蛋白串稍稍脱离，从而露出了可以与肌球蛋白的球状头
部结合的部位。这样一来，球状头部便可以卡到肌动蛋
白上，做好扒着细肌丝向前移动的准备。而卡入工作位
置的头部会从粗肌丝上拉出一小段肌球蛋白，使其与粗
肌丝分开。这些由钙离子流入而发生的变化都是由 ATP
所驱动的。我的每一个肌球蛋白头部都会与一个 ATP

分子结合，这对你我来说都是一样的。ATP 分子会在释放磷酸基团的同时释放能量，然后分解为 ADP 分子。这意味着"重的物体已经落下"。而在此过程中，像爪子一样的肌球蛋白的头部也被拉了出来。

　　在我的眼睑肌肉收缩的阶段，从粗肌丝中拉出的小段肌球蛋白分子及其末端的头部会发生弯曲。当肌球蛋白分子像这样弯曲时，对该活动起推动作用的 ADP 分子便得以脱离，从而使得两处弯曲位置的角度变得更小。随着角度的改变，细肌丝也逐渐被拖动，我的肌肉也因此略微收缩。在肌球蛋白拖拽细肌丝移动形成新的形状后，其头部便会与另一个 ATP 分子结合，与肌动蛋白也就此分离。这时，头部与其新获得的 ATP 分子会重新回缩到粗肌丝内，准备再次重复刚才的活动。细肌丝无法回到原来的位置是因为，在粗肌丝上，并非所有的头部都在同一时间回缩，因此肌动蛋白仍会被固定在原位，直到肌球蛋白再次与其结合并使其逐步向前移动。这个过程快速地发生多次后，我的眼睑肌肉大约收缩了其初始长度的三分之一。当钙离子被泵出细胞后，肌肉再次放松，肌钙蛋白分子恢复到其原始状态，原肌球蛋白丝随即滑回到了肌球蛋白受体的上方。粗细肌丝之间搭扣状的连接也就此消失，然后这些"蛋白质弹簧"将肌肉拉回到其静止时的位置。

关于人体运动的内容我们就讲这么多。正常情况下，ATP 与粗肌丝上的头部结合会使头部从细肌丝上弯折回原来的位置。而死亡后，尸僵便从这一步开始。如果 ATP 不出现，则粗细两种肌丝会彼此保持结合的状态，这会使得肌肉无法放松。因此，我们便动弹不得，只好僵硬在那里。

正如我们看到的那样，ATP 之所以存在（升高的重物）是因为生化反应迫使磷酸基团重新回到 ADP 分子上。死后，这些反应停止，ATP 的供应得不到补充，粗细肌丝便会保持锁定的状态，我的眼睑和身体的其他部分一样变得僵硬。这种状态会一直保持下去，直到构成肌肉的蛋白质开始分解。然后随着"继发性肌肉松弛"的出现，尸僵消失，我的身体再次变柔软。

尸僵的快慢有很大的不同，这主要取决于个体的肌肉特点与差异。由于人死亡后肌肉不会收缩，但会固定在某一位置，因此尸僵在开始的时候多少会维持原来的体态，只有在特殊情况下才会让身体变形。这种情况不同于因高温而死的人所出现的身体扭曲（想想庞贝古城中的死尸），由于高温会使肌肉蛋白凝固并收缩，尸体因此会发生变形。

尽管在分子层面上，尸僵几乎同时在我的身体各处发生，但还是会在较小的肌肉上最先表现出来，比如与我的眼睑有关的肌肉。然后，尸僵会蔓延到我的四肢，从手部和脚部的小肌肉到臂部和腿部的大肌肉。对于某些人来说，仅用 3 个多小时就可以结束尸僵这一过程，但个别人的尸体会经过长达 12 个小时的时间才完全变得僵硬。尸僵的速度受多种因素的影响。如果死者生前是饿死的，那么尸僵的速度会更快，因为活着的时候 ATP 的供给会更快地耗尽。生前经过剧烈运动和体温过高的尸体的尸僵速度更快（也是由于 ATP 消耗的原因），而尸体在 10℃左右及以下几乎不会出现尸僵的现象。

继发性肌肉松弛是由肌肉蛋白分解引起的身体变

柔软的现象，在死后常温下大约36个小时后开始出现，但在温度更高的环境下会更快地出现。尸僵出现得越快，继发性肌肉松弛便会出现得越快。因为晚上很冷，为了解释肌肉松弛的变化，我们可以假设我的尸体在森林中经过一天左右的时间仍未被发现，而尸体所处的地方阴暗、凉爽，这时我们或许可以认为蛋白质已经开始分解，我会再次变得柔软。

尸斑是由于血液在离皮肤很近的区域积聚而出现的暗紫色斑痕，通常容易出现在耳垂和指甲下方的指尖处。血液暴露于空气后通常会凝结，但这种功能会在死亡后约1小时内丧失，这是由于血纤维蛋白溶酶释放，使凝聚成血块的纤维状物质——血纤维蛋白原——分解，因此血液便不再凝结。由于氧分子与血红蛋白的持续分离以及静脉和动脉血液的混合，积聚的血液通常呈紫色。死亡后约半小时尸斑开始出现。首先形成颜色加深的红色斑点，然后变成紫色，进而合并成更大的斑点。这个过程一般会在约10小时内结束。

此时我的尸体仍未被发现，尸斑也将继续扩大。如果我的尸体无法在大约 12 个小时内被发现并且送到停尸间，那么最初的尸斑将会永久地存在，而且新的尸斑还会叠加其上。如果检查我的内脏的话，也同样会发现尸斑。由于我是躺着的，所以某些部位会因为受到压迫而无法积聚血液，最终会出现接触性的苍白压痕。人们常说，尸体的头发会继续生长，但实际上并非如此。只是因为皮肤的收缩让头发变得更加突出，所以看上去头发似乎还在生长。我在这个阶段已是"遍体鳞伤"，身体到处都是斑痕，如果没留胡子，那至少也已经出现了短短的胡茬。此时，最好还是没有人能发现我，这样我的尸体就会继续发生变化。

接下来，我开始散发出难闻的气味。细菌一直在我的体内滋生，尽管许多细菌会在宿主体内与其共存，比如结肠中与消化系统共生的细菌，但它们在人死后就会变得非常不够朋友。细菌会在我的肠子里扩散，并开始吞噬我这个从前的宿主。死后体液酸度的增加以及软组织中氧的消失有利于厌氧生物（不依赖氧气的生物）的繁殖。因此，它们在其消化过程中产生了未经氧化的气体和液体。这也使得许多蛋白质中的硫以硫化氢（H_2S，有臭鸡蛋的味道）的形式和与之密切相关的有毒化合物的形式被释放出来。而氮是所有蛋白质中普遍含有的成分，会以氨（NH_3）及其衍生物胺的形式释放出来。这些散发着臭味的化合物的名字就代表了它们的特点，比如尸胺和腐胺。

尸体腐败的速度在很大程度上取决于温度的高低，在凉爽的环境中，腐败的速度很慢。尽管我的伤口为细菌和苍蝇提供了充足的入侵通道，但可以推测我在凉爽的森林中腐败得非常缓慢，然而我的尸体确实是在腐败。

元素周期表体现了各个元素之间的化学关系，即各种物质的亲密程度，而硫在该表中是氧的相邻元素，因此在某些化学性质上与之相似，但有细微的差别。因此，血红蛋白分子携带氧时会呈现鲜红色，而携带硫时则呈现绿色。一旦身体的各个部位开始腐败，便会出现大量的硫（以其化合物形式存在），并且随着氧气离开人体，硫会取代它的位置。因此，从我死后约 36 个小时开始，绿色会从富含细菌的大肠开始蔓延至全身。随着这种颜色变化的扩散，靠近表层的静脉会变成肉眼可见的紫褐色网状结构，在我的躯干和腹股沟处尤为明显。随着皮肤变成暗红绿色，我的身体会发生某些变化，而且可能会出现"皮肤脱落"的现象，即大片的表皮因轻微的触碰而剥脱。

大约一个星期后，如果我还是躺在那里没有被人发现，那么我的腹部会膨胀，腐臭带血的液体会从我的鼻子和嘴巴中排出，也会与粪便混合从我的直肠排出。在我的体内，所有的组织在腐败时会释放出同样的气体，因此我的整个身体都会开始膨胀，特别是那些组织松弛的部位。在这个阶段，我肿胀的脸变成了绿紫色，眼睑肿胀并紧闭，脸颊浮肿，肿大的舌头从嘴里伸出。不久后我的大脑几乎变成液体，内脏无法被清楚辨认。

如果这时我的尸体仍躺在地上，那它很快就会变成一堆蛆虫的活动场所。如果我的尸体被掩埋，那么大体的外形可能会保持数月不变，但一年之内所有的软组织都会被吃掉。最后剩下的只有我的骨骼和牙齿。

到这里终于可以结束这令人不适的一章了，这让我如释重负。但我认为，一旦以食物形式存在的持续供能被中断，代谢过程停止，那么我们的身体就会发生相应的变化，对此做一番了解也不失为一种乐趣。我们要知道，虽然我们源自星尘与混沌，虽然我们是光明的传播者，但我们终将腐烂成泥，而这便是人类的宿命。

第五章

终 结

有两种永生的方式需要我们仔细地做一番思考：一种是活着的永生，一种是死后的永生。如果能够避免衰老对人造成的能力丧失和屈辱打击，那么一直活下去——通过医疗的发展有望实现——则是非常诱人的一种永生方式。然而在新鲜感逐渐消失之后，永生或许会被认为有些无聊和自私。但是许多人渴望永生的信仰与在地球上永远活下去是两种完全不同的概念，照理说它应该发生在人死后的坟墓里或尸体即将被火化的焚尸炉门前。当永生的观念最初形成的时候，谁会想要在这个充满暴力、污秽、贫穷、恶臭和疾病的地球上长存呢？那时的人生是令人厌恶和残酷的，人活的时间越短越好。不过人一旦穿过死亡之门，便会获得永生，进入到一个与现在所处的世界不同的世界，那将是一种更加美好的存在，那个世界没有任何病痛，你不会牙疼，不会得坏疽，那个世界是一尘不染的，不管是真正的污垢还是隐喻性的污垢都不存在。善心会从恶行中被提炼出来，就像从恶臭的焦油中提炼出芬芳的精油一样。令我们永远感到满意的是，恶人——不管是地痞无赖还是一国君主——终有恶报，并且会在地狱中永远遭受其应有的折磨。一切都会变得非常非常美好。那里将是天堂中的庞德伯里镇，一座以人为中心的宜居市镇，但没有令人讨厌、水火不容的邻居。

"末世论"（eschatology，来自希腊语 *eskhatos* 和 *logia*，前者意为"最后的"，后者意为"学说"）讲述的是在世界末日所发生的事情，根据相关神话的记载，我们正处于末世论所描绘的世界中。末世事件对于某些人而言至关重要，因为它们阐明了存在的全部意义。信徒们认为，最重要的事情都在末世事件的论述中得到了解释，因为末世事件让生命得以圆满，让存在得以升华，总之是不容轻视的。另一些人对此表示怀疑，他们认为单凭推测就可以写出如此多的废话，除了末世论之外真是再无他作了。据我猜测，他们认为如果普通的神学论述和一般神话的荒谬程度是喜马拉雅山的话，那么末世论的荒谬程度就是火星表面有几十千米高的奥林匹斯山，珠穆朗玛峰与它比起来都矮得可怜。

作为开胃菜，刚才我只是简要地介绍了过去的神话传说。由于时间的跨度如此之大，而且我们的祖先居住在不同的土地上，对我们来说既是古代人也是外国人，因此我们当然可以非常轻松地嘲笑他们的天真烂漫。不过现在是时候讲一些还在流行着的神话了，据说今天还有人相信它们是真的，而我们和这些人可不会再有时空和地理上的隔阂了，因此我们需要认真地做一番思考。照例，在回顾完其中的一些神话后，我将带领大家重新回到现实中来，或经过去伪存真的过程让大家看清永生表象下的真实，不管信仰为何，我要让大家知道真正在等待我们的到底是什么。

持怀疑态度的人通常认为各种宗教主义来得非常容易，没有经过理性的探讨，而且他们将末世论看作硕果累累的果园，到处都是意外掉落的果实，多得让他们走路都费力。他们在果园中踩着熟透了的李子、葡萄、无花果、苹果，而这些果实的甜美甚至让黄蜂都流下了高兴的眼泪。这里就是我们所知的末世果园，而他们正深陷于那些甜美的末世果实之中——死者的复活、最后审判、天堂和地狱、完成神的旨意。宗教人士认为这些事情最为重要，代表着他们信仰的终极体现和来自天堂的奖赏。而持怀疑态度的人则把这些事情比作熟透的百香果、亮黄的长香蕉以及让菠萝看上去像豌豆的巨大梨子，它们唾手可得，多得都堆到了脖子处。传统基督教中极端的信徒仍然会在我们身边出现，但我要赶紧补充一点，他们与那些在复杂的宗教系统中持主流观点的理性信徒不一样，根据他们比较极端的思想，在世界终结时会发生四件事。既然《圣经》中记载了骑着四匹不同颜色马的末日四骑士，那么在这里我们戏谑地将这四件事称为"末日四驴"：千禧年、大灾难、善恶大决战和提送信徒升天。

这里的千禧年可不是我们前些年随意度过的、日历上记载的世俗年份，而是在《启示录》这本"恐怖手册"中所出现的事件。那将是一个持续 1000 年、拥有无与伦比的快乐的时期，一个世界和平的时期。它的到来将会使我们明白，人类已经经历的或将要经历的一切厄运——十字军东征、黑死病、第一次世界大战和第二次世界大战，甚至是 2012 年奥运会——都是值得的。

更加令人不安的事件是大灾难，好在只有短短七年的时间。届时反基督者会掌握权力并引发善恶大决战，这是一场可怕的战争，几乎没有人能够幸免于难。死亡、毁灭和绝望，所有的苦难都会疯狂而无情地降临到地球上。

幸运的是还会发生另一个事件，那就是提送信徒升天。在经过那么多不幸后，人们将会非常地渴望和期待这件事，但前提是我们正好会重生。那些没有信仰的人和那些只经历过一次出生但还未重生的人会怀着强烈的嫉妒之心看到，重生的死者洋洋得意或许还带有些许傲慢地从各自的坟墓中出来，排成壮观的队列被送到天上，去往他们未来辉煌的"豪华住所"。这些重生者乘坐的是"商务舱"，他们将最先进入天堂。"乘坐经济舱"的重生者此时仍遗憾地活在世上，带着他们的随身行李你拥我挤地聚集成群，在阵阵喧闹声中被送到他们的造物主同时也是救世主的温暖怀抱。上帝因自己忠实的信徒最后得以升天而不能自已，喜极而泣。这让那些未能升天的人的嫉妒之心越发强烈。

那些知情的人认为提送信徒升天会突然发生反倒更好。人们将会从自己的床上、浴室里和自行车上被送上天。最豪华的游艇将会空无一人，在安提瓜岛周围的海域独自飘荡；人力车将会被遗弃在越南的街头；无人驾驶的汽车将在秘鲁的山口坠落悬崖。一旦飞机上的乘客意识到自己得不到服务需求的回应不是因为常见的"不提供服务"，他们就会对空乘人员的突然失踪感到困惑和担心，这也是可以理解的。当然，他们还想知道是否有人留在了驾驶舱内，并且希望飞行员至少是个无神论者。

知识渊博的学者通常对于神话中将要发生的事件的顺序存在一定的分歧，这是神话研究中普遍存在的问题。这对于我们之前讲到的"末日四驴"来说确实如此。"历史的前千禧年论"（historical premillennialism）完全确定千禧年是紧接着善恶大决战而来的，千禧年的 1000 年将是地球上的极乐时期。然而"无千禧年论"（amillennialism）也完全确定，我们已经进入了千禧年，甚至已经进入了大灾难时期，只要瞥一眼任何一份日报就可以证明这一点。因此，那些不太相信自己已经进入大灾难时期的人或许会倾向于"后千禧年论"（postmillennialism）。该理论确信大灾难已经变得无足轻重，并且基督教已经像致病菌一样传播到地球表面的各个角落，让犹太教徒、伊斯兰教徒、印度教徒和佛教徒都改变了自己的信仰。在英国，越来越多的教堂和教堂内不堪重负的长椅就充分证明了这一点。

在一个冷静的旁观者看来，上帝给人以沉默寡言的印象是由于"一朝被蛇咬，十年怕井绳"，因此一旦他确信所有的犹太人都已经平稳地转变为不那么有威胁的人，耶稣就会重返人间，让死去的信徒——假定他们在死后还没有失去自己的信仰，还可能允许那些不信上帝的死者在坟墓中安静思考以纠正自己错误的做法——复活并发起最后审判，像奥西里斯那样不得不听取圣甲虫为死者所做的辩护，称量我们虚无缥缈的灵魂。

同样值得怀疑的是，关于提送信徒升天的时间也有着不同的声音，而且各自都确信自己的说法完全准确。大灾难会发生在提送信徒升天之前还是之后？究竟哪个才是无可辩驳的事实？这需要在二者之间做出选择。从历史上看，神学辩论中通常没有妥协，辩论者的手和剑的距离就在寸许之间，随时准备一较高下。但末世事件实在太过重要，因此便出现了一个妥协的特例：有些人也完全确信，提送信徒升天恰好会发生在历时七年的大灾难时期内，然而其他一部分人同样按捺不住要进行争辩，他们也完全肯定，提送信徒升天将会在大灾难快要结束时到来，而大灾难的影响仍将存在。让重生者感到庆幸的是还有一种绝对肯定的说法，对于他们来说，提送信徒升天恰好会发生在大灾难刚开始的时候，这让那些真正的信徒欣喜若狂，但这并不包括那些没有提前准备好让自己重生的笨蛋，但这些从前不信上帝的糊涂蛋也会获得机会，从而可以在大灾难结束时尽快重生上天。

此类事情已经发生或即将发生的一个明确征兆就是耶稣在第二次降临过程中的显现。某些人完全确定，目睹这一神迹的最佳时间已经提前了，但或许不会像日食或月食那样如此明显。所有这些过去的预言都有一个共同的特点，那就是到目前为止一个都没有实现。除非再临人间的耶稣特别不愿意公开自己的身份，并且因为没有人认出他而偷偷回到天堂，否则神迹早就显现了。这样令人失望的事情还有很多。再生论认为1844年耶稣会再临人间，当时每个人都对他万分留意并且非常兴奋，而到了第二年等待他们的却是爱尔兰大饥荒。1914年，人们再次确定耶稣会降临，但如果当时他真的降临了，那么他一定是为了检验信徒的忠诚度才这么做，因为就在同一年第一次世界大战爆发了。

在所有这些充满戏谑的争论中，唯一令人不安的想法是，拥有强大实力的重生者手边放着的不是普通的武器而是核按钮，他们可能会合谋制造一场善恶大决战，从而以牺牲文明为代价，通过蓄意的谋杀证明他们看似真诚但实则荒唐的信仰。

　　让我们把那些让人分神的蠢事放在一旁，理性地来讨论一下目前更加重要的问题。从科学的角度出发，我们首先要认真考虑末世事件中来世的概念。人们对未来的生活总是充满了美好的向往，而且我在之前的讨论中曾说过，生、死之间的门不是紧锁的，换句话说，人们不会向自己未来的死亡妥协，生、死共同激发出了深厚的信仰，这种信仰受到了《圣经》和其他宗教经典的鼓励——不但有更好的事情会发生，最好的事情也会发生。基督教的正统观念教导人们，人这一世只不过是去往来世之前的一个必经过程。它只是一个考验的过程，一个筛选忠诚信徒的过程，一个把好人从坏人中挑拣出来的过程。忠实的信徒知道，你只有死了才会获得真正的生。因此，他们渴望死后重生，但除了某些殉教者以外，他们似乎已采取一切预防措施来推迟死亡的发生。

我们在这几章中一直都在强调，科学方法的支柱是证据的公开共享，而不是由个人的渴望而产生的一厢情愿。公开的实验才是关键，私人的情感没有什么说服力。在目前的情况下，来自科学的解释极其简洁，几乎不需要再费唇舌，但我还是要说：没有任何证据表明有来世的存在；如果认为生命在任何意义上都会存在，那么便违背了我们对于生命构成的一切理解。莫扎特通过音乐得以永生，牛顿通过物理学得以永生，而古埃及法老图坦卡蒙则是通过旅游业得以永生。因此人的永生确实可以实现，但都是在自己的一生中留下了永远无法磨灭的印记的永生，而不是肉体或灵魂的永生。

某些人一心认为会有来世，认为科学已经在坟墓外的这一边积累了足够多失败的经验。在他们看来，科学可以洞穿死亡的铁幕、对现世之外的事物加以评论都是假象。像往常一样，我必须指出这是他们常用的狡辩说辞。他们会问，我们怎么能确定——或语气更加强硬地质问，我们哪来的自信去假设——在现世的实验室里得出的结论就适用于来世？如果有任何关于来世的证据，那么这将是一个非常有说服力的观点；如果没有证据的话，那么它一点儿用也没有。就本章而言，我不会像在第二章中那样抽象、简单地去定义生命（通过能量的流动不完全地维持着信息的存在），而是以我们所认为的自身存在的核心要义来定义生命，即某种意识，关于自我的、周围环境的和其他的方面的意识。也许在来世，我们每个人的意识都像毒蘑菇一样多，但是如果你对来世没有意识的话，那么刻意去追求它将毫无意义。科幻小说家会在没有任何证据的情况下想象所有死者的意识汇聚成一个全球性的整体，从而形成一个十分强大的器官来思考如何在永恒中消磨时光，而不是在一种极乐的状态下无所事事，就像坐在飞机的头等舱里度过无尽的旅程，只是安逸地看时间流逝罢了。如果有任何证据支持这种观点，那么它将非常有说服力；如果没有证据的话，那么它一点儿用也没有。

人们通常认为，在来世，不管是集体的还是个人的存在都像现世的存在一样以意识为基础。但我们知道，意识是形成大脑运转的神经活动的产物，会随着大脑的消失而消失。二元论认为心灵（Mind）和以大脑为代表的肉体（Body）各自独立，但这种理论只是幻想罢了。大脑只要少了一点儿，意识便会消失。在《2001太空漫游》中，机器人哈尔被分解后，他／它便失去了人工智能的意识。此外，大自然也将其邪恶的触手伸向了阿尔茨海默病。随着大脑在现世中的退化以及意识和认知的模糊，该病患者的部分意识并没有逐渐转移到来世。大脑是产生自我意识的中心，是产生有意识的生存决心的中心，是产生伟大创造力的中心，为了通俗易懂，我们将其共同构成的概念称作"人类精神"（human spirit）。但"人类精神"仅仅是个概念，是意图和成就的组合词，除了字面上的意义外没有任何实质性的东西。没有任何证据可以证明存在一种不以大脑为载体、像气体一样、与自身真实的精神相对应的表现形式。信徒们满怀希望地将意识阐释为灵魂或古埃及文化中具体化了的"卡"，但这只不过是一种对自我意识的比喻说法。当然，哲学家（"专业的悲观主义者"）同科学家一样（"专业的乐观主义者"），在理解主观经验的本质方面——包括可以感受到的事物的特性（qualia）和自我意识方面——并没有取得什么进步。但是作为科学家的一员，至少我可以确信，意识的所有组成部分都根植于人体的大脑中，终有一天会被完全揭示。无论怎样，没有任何证据可以证明自我之中被灌注的某种精神可以在有机的肉体腐烂之后、大脑中的信号处理能力消失之后仍然继续存在。

在我看来，信徒们为了否定这种精神的分析，一般会通过使用无意义的词语或将有意义的词语排列组合成没有意义的句子进行争辩，从而说明灵魂这个概念已经超越了人类对于意识的认知，比如灵魂是一种超越了意识的意识，是一种超验的超意识（transcendental hyperconsciousness）。我猜他们会争辩说，灵魂具有精神性的特质，无法被实验室的仪器检测到，因为仪器是由地球上实际的物质构成，而物质本身无法感知精神，这就像用贝壳来收听广播，二者根本不在一个"频道"上。对于他们来说，即使基于物质而产生的意识已经终止并消失，灵魂仍然能够存在。他们含蓄地指出，灵魂是意识的暗物质，无法探测，只能通过暗示让大家知晓。很不幸，除了内心的感觉、经文、传统的习俗和神学的思考所造成的令人神往的假象之外，没有丝毫证据可以证明其真实性。

下到异教徒上到教皇，原始的宗教信徒都相信鬼魂的存在。虽然他们没有充分将这种思想表达出来，但却把鬼魂视为阴间的居民，进而将此作为证据来证明来世的存在。但是我要再次说明，现在没有可靠的证据来证明鬼魂的存在。当然，夜晚会让人感到恐惧，会有吱吱嘎嘎的声响，会有尖锐刺耳的鸣叫以及爆炸发生，但这些现象都可以轻松地通过物理知识来解释，比如有微风吹动的原因，还有建筑及其固定设施在经过一天的压力后松弛下来所表现出的现象。

然后，信徒们还会声称世上存在与灵魂世界的交流。与灵魂的交流是招魂说（spiritualism）的核心，通常是通灵前的巧妙试探和发生在其间的夸张设计的结果。经过科学或懂行的巫师检验后，所有这些"娱乐活

"动"都会变得毫无意义。无一例外，所有信奉招魂说的人都是海洋世界中的鲨鱼，捕食那些容易被骗的弱者、遭受痛苦的人和心怀希望的人。

还有些人走到了另一个世界的入口，本来已经瞥见了应许之地，但却又被爱管闲事的外科医生在紧要关头拉了回来，他们会怎样呢？濒死体验被广泛记录而且报告通常十分详细。这对于那些相信来世的人而言是不幸的。这些报告中缺乏来世的证据，但对生理学家来说却有相当大的吸引力。生理学家将濒死体验视为一个观察窗口，可以了解伴随着身体活动尤其是精神活动逐渐停止的过程。

有时，如果来世这个概念没有受到恶意的控制而变成强大武器，那么它只是一个不会造成任何伤害的谎言。的确，对于那些彻底绝望的人、一直在贫困和疾病中挣扎的人，或许还有那些濒临死亡和极度渴望慰藉的人来说，来世可能会对他们起到治愈的作用，用充满希望的前景来减少他们的绝望。尽管这种希望是一种幻想，但仍有许多人深信不疑。除了生命，你在临终之时几乎再也没有什么可以失去的了。不过，在到达另一个世界之前，你仍然会失去很多的东西。

我们接下来要探讨的是末世事件之二——死者的复活。我在第四章中详细地解释了死亡，这里除了讨论一下让尸体——哪怕是刚刚死亡的尸体——复活、重新工作的可能性以外，就不再对死亡做过多的赘述了。如果不可能性可以增大，那么把人类在过去、现在和未来的所有部分——有的在风中飘荡，有的让蛆虫蚕食，有的消散无踪，有的被炸成了碎片，有的化作了青烟，有的被酸溶解，甚至还有的进了狗的肚子里——组装起来的不可能性几乎是无限大的，因此强调重生几乎是没有意义的。

我知道，很多人深信自己会被重新塑造为拥有肉体的人。某些人在最后的号角声中列队重生时会对自身的状况相当在意并且感到十分困惑。他们的肝脏还会硬化吗？他们的疝气会好转吗？他们的心肌梗死和动脉硬化怎么样了？他们还会一瘸一拐地走路吗？他们真的能找回十年前失去的脚、腿、手指、手或手臂吗？他们是否仍是聋哑人或盲人？人类的胎儿是最温顺的，因此也应该是最值得帮助的。既然如此，那些没能活下来的胎儿会同样得以重生还是像以前一样胎死腹中？流产的胎儿会重生吗？你的粉刺或大肚子会消失吗？你还会是秃顶吗？还会患有静脉曲张吗？你能借着上帝的恩典选择在自身状态最好的时候重生吗？届时也许会出现一种适合所有人、不分男女的完美方案，将特洛伊城中的海伦和米开朗琪罗的大卫完美融合，或把电影《象人》(*The Elephant Man*) 中总体展现出的通俗之美融入其中。或许每个人在重生后都会拥有普遍意义上的政治正确。就连某些表面上很聪明的人都认真思考了这样的问题，因为如果你很重视自己肉体复活这件事，那么这些问题就是实实在在的问题。

我认为，末世最后发生的这一重生事件引发的真正问题是人们应该如何认真地对待它。由此又产生了一个心理问题：那些看似明智并受过教育的人怎么就不能接受死亡即毁灭这一事实呢？其他人更是如此。那么到底是什么无法让人接受死亡即毁灭的事实呢？那些人的答案是"信仰"。但是心理学家会设法剥去它的外衣，然后剖析隐藏其中的真实内涵。那些无法将毁灭视作自己命运的人其实是无法想象，这个世界在失去他们后基本还是会照常运转。

　　我们知道，倒数第二个末世事件便是世界的终结。科学可以为这一讨论话题贡献有益而准确的见解，因为它可以为我们的未来提供相当可靠的前瞻性信息。

　　崇拜太阳的异教徒向太阳表达敬意是对的，但他们并不知道其中的原因是什么。实际上他们的这种做法是有理论依据的，因为地球上几乎所有的有机活动都离不开天空中燃烧的太阳所释放的巨大能量。如果太阳熄灭，那么地球上的生命很快就会死亡。气候将会变得混乱，所有的植物将会枯萎死亡，食物链将会消失。能量的连锁消耗使得从太阳那里获得的能量可以由草传递给羊，再由羊传递给人，届时这一过程也会停止。那才是真正的世界末日。如果真的有什么值得崇拜的话，那就是诞生了 45.2 亿年的太阳，它为我们带来了光和生命。

太阳终会熄灭。但是熄灭并不仅仅是光的消失，因为随之而来的事件虽然出现得缓慢，但却是灾难性的。要想了解太阳的死亡，我们需要知道，它从巨大的气体云中诞生，而气体云主要由氢分子组成，其中混杂有少量的其他元素。大约 50 亿年前，由于引力将分子聚集在一起，巨大的气体云自身开始坍缩；10 万年后这一现象越发明显；再经过 100 万年时间，积聚的物质就逐渐形成了可辨认的太阳。2×10^{30} 千克气体相当于 33 万个地球的重量，在那股极弱的力量——引力——的作用下，这么重的气体不会突然开始坍缩，至少像我们今天所了解的那样，这是一个非常缓慢的过程，但事先会有预兆。

随着分子的聚集和更加剧烈的碰撞，气体云开始加热，分子破碎成了原子。有些碰撞非常剧烈，因此会引发某种核聚变，而且散布在坍缩气体云中的氘原子（重氢，由一个质子和一个中子组成，而不是仅有一个质子）开始融合在一起并释放出能量。引力坍缩使得能量释放，继而导致温度升高。此外还会出现另外一个反应：气体云中的反应非常剧烈，这让电子从原子中分离出来，于是便形成了等离子体（带电粒子组成的气体状物质），取代了电中性原子。等离子体吸收光的效率要比中性原子高得多——我们不是通过等离子体而是通过等离子体中无数的中性原子才看到了太空的深处——并且会突然变得不透光。观察者会看到球体开始发光，那些曾经阴暗的地方会出现光亮。这时太阳开始慢慢地燃烧起来。

但这个过程依然非常缓慢。又过了七八百万年的时间，致密的气体云的温度才高到足以进行真正的核聚变，即原子核的融合。从气体云坍缩开始，经过 3400 万年后核聚变的火才完全烧起来，让氢核碰撞到一起产生氦（本质上是两个氢核的融合）。实际已经发生的和仍在发生的核反应过程要比这复杂得多，但结果都是如此。

45 亿年前，核聚变释放出的能量让炽热的气体云加剧反应，从而形成了我们可以识别的太阳。当时的太阳和现在的太阳一样被一些古老的、冰冷的物质所环绕，它们未能与太阳结合到一起，因此我们将其称之为行星。而在其中一个行星上，某种物质不知不觉地发展出了智慧生命，因此知道了太阳是如何诞生的，这就是人类。同样令人惊讶的是，这种智慧生命还知道了太阳继续燃烧的结果。

目前太阳的半径为 70 万千米，大约相当于 100 个地球半径的长度。如果把地球想象成 1 枚 1 便士的硬币，那么太阳就是 100 枚硬币排成一排。在这一比例尺下，所有硬币的直径总和便是太阳的直径。中间的 20 枚硬币代表太阳核心的直径，太阳的一半质量都集中于此，其温度约为 1600 万摄氏度，密度是铅的 12 倍，并且其亮度占到了太阳总亮度的 99%。太阳的核心就是生命的引擎，是核聚变的主要发生地。氢转化为氦可以为功率为 4×10^{26} 瓦的太阳提供燃料，相当于在核聚变的过程中每秒损失 500 万吨的物质。[1] 因此如果能量释放，质量就会减少。质量不会转换为能量，它只是一个用来

1　爱因斯坦最具代表性的质能方程 $E = mc^2$ 可以写作 $m = E/c^2$，这表明在某一区域内，光速 c 是一个常数，因此能量 E 的大小可以通过测定该区域内的质量 m 来确定。

测量能量多少的量度。核聚变所释放的能量通过介质辐射，形成的球形外壳厚度相当于 40 枚 1 便士硬币并排在一起的长度。这样的话，加上之前的 20 枚核心硬币，一共是 100 枚硬币，代表了太阳的总直径。但是辐射的路径非常曲折，因为能量会四处散射，就算以光速传播也要用上一百万年的时间才能到达辐射层的外缘。

一旦到达该处，能量便会在强烈对流的作用下穿过最外层的 10 枚硬币（20 枚硬币代表太阳核心，核心的每一边各有 30 枚硬币代表辐射层，辐射层的每一边各有 10 枚硬币代表对流层）所构成的球形外壳，到达太阳的最外层。对流是太阳自身物质的运动方式。根据照片显示，太阳表面随着热物质的上升、冷却——温度相对下降但仍然高达数千摄氏度——然后下降而剧烈活动。那里的温度超过 5500℃，8 分钟后阳光到达地球，我们就能感受到它的炽热。

太阳的构成非常不均匀，大约 90% 的质量位于一个球体中，其直径相当于太阳的半径，也就是中间的 50 枚硬币。这一区域外缘的密度与水的密度大致相同，但仍然很热，大约有 400 万摄氏度。

太阳大部分是由氢构成的，但核心中有大量核聚变产生的氦以及少量经过太阳燃烧形成的其他元素。在其他曾经爆炸过的恒星中会形成新的元素，而它们会散布到整个宇宙中，其中一些元素会聚集成岩质的行星，后来随着生命的进化和对地球的蚕食，塑造出了现在的你和我。这就像过去常被说起的那句经典的话，它也在本书中出现多次，那就是"我们都源自星尘"。

太阳正处在"中年时期"，依然是一颗充满活力的恒星。它作为一颗恒星已经超过 45 亿年了，而且在其核心中剩余的氢耗尽之前还可以再燃烧 50 亿年。太阳的生命周期与其他质量相似、十分不起眼的恒星是一样的。在太阳核心中的氢被用尽后，核聚变所产生的较重的"废弃物"氦只得积聚其中，毫无用处。此时，该核心会向外扩张。核聚变将在核心周围不断扩大的球壳中扩散，太阳的外层将会膨胀，首先会将水星吞噬，然后是金星。目前尚不清楚膨胀的太阳——此时已经是一颗红巨星——是否会扩张到地球的轨道上，或地球的轨道是否会受其干扰而扩大，从而逃过被吞噬的厄运。但这并不重要。因为到那时，地球上的海洋将被蒸发，大气层会被吹离地球，它将成为一粒环绕太阳的煤渣。所有的生命，包括人类取得的所有成就、创造的所有神话和幻想，如果在经过如此漫长的岁月后仍得以幸存，届时也都将消失。

我们伟大的太阳最后会安静地结束自己的一生。就像厌倦了做一颗恒星一样，在吞噬了水星和金星这两颗内行星后，太阳的外层将在大约 100 万年后逐渐飘向太空。而内核则会成为白矮星，肆无忌惮地发出耀眼的光芒。它的密度极高，是水的数千倍。但是它的寿命是有限的，因为其燃料正在耗尽，并且在自身的能量向太空辐射的过程中逐渐冷却下来。我们残存的恒星就像白热的铁一样逐渐发生变化，从白矮星演化为黄矮星，然后演化为橙矮星、红矮星，最终变为黑矮星。这一冷却过程可能需要一万亿年的时间，但在其终结之时它会变成一个被冰层覆盖、密度极高、光芒熄灭后几乎不可见的球体，大约有地球那么大，也就相当于我们刚才所做的类比中一枚硬币的大小。

在太阳 100 亿年的寿命耗尽之前，人类——或由人类进化而成的其他任何物种，或由于人类 DNA 的不稳定性（人类对自身 DNA 的干预）或人类自身的愚蠢行为而出现的取代了人类的任何物种——将不得不逃离其世代生活的家园，在星际间穿越，寻找宜居的环境，这样做的目的要么是为了自己，要么是为了某种类似阿凡达的人类精神的电子化身。然而这种情况是不可避免的，因为必然会有终结的时刻。恒星终会熄灭。在我们的太阳熄灭后还会有新的恒星诞生，但它们也会重走太阳所走过的路。渐渐地，所有的恒星都会熄灭，任何地方都不会再有新的恒星诞生并取代它们。

甚至还有让宇宙变得更加孤寂的事情发生，我们从两个方面进行说明。首先，随着宇宙的膨胀，银河系也随之分离。未来，当宇宙膨胀到一定程度时，其他星系的恒星发出的光将永远无法到达我们这里。我们或我们剩余的部分将只能看到自己星系中的恒星，而其他星系发出的光将会消失。

接下来，最坏的事情要发生了。物质可能会衰变为辐射。我之所以说"可能"是因为目前无法确定物质在遥远未来的变化情况，但有迹象表明，所有物质将在约300 000 000 000 000 000 000 000 000 000 000 年后消失。这一时间跨度确实长得让我们无须担心，但这并不是重点。重点是科学正在帮助我们看到无限的未来，也因此发现所有的一切都将消失。

甚至由物质——构成你我的原子——衰变而形成的辐射也会消失。宇宙随着自身的膨胀拉伸着辐射波，使其波长增加。因为我们目前认为宇宙会一直膨胀下去，而且显然（如果根据我们目前的观测结果预测未来的话）这种膨胀正在加速，所以不久后（没有确切时间）所有的辐射波将被拉平。科学已经揭示了上帝为宇宙制订的宏伟计划：从虚空变成空无一物的绝对平直时空。

不过我得承认，末日可能不会和我所说的完全一样。在这么长的时间跨度里，我们确实没有足够的把握去知晓一切。我们目前所拥有的全部经验只是从过去的

137 亿年中得到的。而自然法则有可能用了数万亿年的时间才形成,宇宙的膨胀也有可能不会加速,甚至不会永远持续下去。目前某些人认为存在一些我们看不见的紧密卷曲的维度,它们有可能会在 100 万亿年的时间内展开,其产生的结果超出了我们现在的想象。暗物质可能会慢慢与引力以外的其他力发生相互作用并开始影响我们的生活。时空中存在的缺陷可能会将其自身撕裂,时空会瞬间回到虚空的状态,从而让我们摆脱苦难。但我们目前根本不知道这些假设是否会成为现实。

我们所知道的是,太阳会循着自己的轨迹演化,然后将我们抛弃。因为它是没有生命的,所以在这一过程中不欠我们任何东西。几乎可以肯定的是,我们无法改变其必然的衰变之势或维持其活力。我们的人生旅程像星尘一样毫无目的,茫然地被混沌所支配,奇迹般地进化出了觉知能力但又不知目的为何,无法选择地降生到这个世界上但又不情愿地被带走,终究还是不可避免地归于虚空。这,就是生命。

后记

我们不妨简单轻松地来思考一下上帝造物。我们的祖先对此无能为力。但细致的科学研究已经用某种与真实机理（actual mechanism）相似的分析取代了充满诗意的奇妙神话，因此我们可以看到整个宇宙是如何从最初的起点发展而来的。这个起点从何而来至今仍是个谜，但是我们不应受此影响而忽略了科学已经呈现给我们的浩瀚的宇宙历史。是宇宙的演变把我们从那个超凡的起点带到了这里，赋予我们理解的能力，让我们能够预测未来的总体特征。科学的非凡潜能部分体现在它能够在几个瞬间对宇宙中的微小样本进行测量。这项工作在被我们称为实验室的近乎微观的区域内进行，所用时间有时以秒或更小的单位来计算。而且科学还相当有信心地推断出整个宇宙在时间和空间上是一个整体。毫无疑问这样做是有危险的，但是科学相信自己对危险有足够高的警惕，并试图通过在更大的尺度上对时空进行探索来彰显其自信。

我们不妨简单轻松地来思考一下生物圈。我们的祖先对此无能为力。但细致的科学研究已经通过一个单一的法则——虽然难以应用，但似乎能够解释过去和现在的所有物种的进化——消除了我们对于生物起源的无知，而这种无知的结果是几乎在每个文化中都创造出了令人满足的神话。人们仍然不知道，无机物最初是如何偶然地变成了对未来进化意义重大的有机物的。即便如此，科学也没有被难住。科学的思想活跃，只是目前还没有足够的证据来确定其中哪一个想法（如果有的话）是正确的。幸运的是，在地球上发生的事情可以发生在任何一个拥有类似适宜稳定条件的地方，而且宇宙中充满了偶然出现并通过自然选择进化而来的生命，这一假设并非不切实际。当然，这是另一种形式的推断，而且极难验证真伪，因为信息从可能存在生命的候选星球传播——当然也会在星系之间传播——耗费的时间很长，以至于曾经存在的生命很可能已经灭亡或尚未形成生命。我们可能永远不会知道，因为在装有信息的漂流瓶到达地球之前，我们很可能已经灭亡了。

我们不妨简单轻松地来思考一下生殖这个生命的核心组成部分。我们的祖先对此无能为力。但是细致的科学研究已经让我们知道了从受孕到危险的分娩这一过程中发生的事情。我们了解了科学在整个生殖过程中所阐明的两方面的内容，即有性生殖的细胞机制和遗传的分子基础。我们不应忽视的一点是，大自然将简单性和复杂性结合在一起，通过定期复制携带生物自身基因的"载体"实现有效的永生。简单性体现在大自然编码信息这一点上，这使得生物可以繁衍出尽可能与自己类似的后代。英语通过 26 个符号编码的信息来表达自己，而整个生物圈被编码的符号只有 4 个。但大自然为这种简单性付出了"复杂的"代价，她开发了 DNA 并将信息转化成了有机体。富有想象力的科学家已经运用他们的手指和大脑揭示出了生殖的简单性和复杂性，因此我们可以认为自己已经了解了妊娠的整个过程。

我们不妨简单轻松地来思考一下死亡，虽然它会让人感到恐惧，但却是生命中不可避免的结局。我们的祖先对此无能为力，而且为了美化死亡，编造了一个又一个神话。但不管怎样，细致的科学研究已经揭示了我们所有人的未来。这里没有安慰可言，因为科学所关乎的不是虚假的安慰，而是真理。追求真理是我们主动怀疑精神的一部分，因为它让我们有信心去发挥自己的才能，如果不是去发挥才能，那便是去把握机会。当我们存在于这个世界上，真理督促我们利用而不是浪费时间，这不是让我们不假思索地珍惜当下，而是要明智地把握自己短暂的意识间隙，它就像是黑暗人生中闪耀的日光，有些人可以领悟，有些人只是沉溺其中。科学为死亡做出了极大的贡献，提供了各种方法来阻止死亡的发生，或在死亡最终到来时减轻其造成的痛苦。医学是科学为人类福祉做出的重大贡献之一，可以说健康比教育更加重要，因为无知地活着或许好过有学问地死去。

我们不妨简单轻松地来思考一下死亡后会发生什么。我们的祖先对此无能为力，并且在没有任何证据的情况下编造了各种即将发生的奖惩神话，令人着迷。科学目前正朝着两个方向发展。当它站在未来的边缘、凝视着前面的时间深渊、看穿世界尽头的时候，它对自身的前景是相当有把握的。我们有信心预测未来太阳系的中期演化结果，而太阳系将见证我们所有的物质成果、智力结晶和艺术成就的终结。长远未来的预测相对难以把握，因为未知的宇宙法则可能会开始发挥作用并以某种方式帮助我们摆脱目前的预测——所有的一切终将归于绝对平直的时空。对于那些相信会有某种其他生命形式出现的人来说，科学似乎在这个问题上有些不自量力并且在其无力涉足的领域犯下错误。这样一来，灵魂便有了合理的解释，建立在现世基础上的科学就无法阐明来世是什么了。我们把有序物质进行复杂相互作用的特殊性质称为意识，坦白地说，人们很难相信意识能在该物质分解后留存下来。科学尤其会通过心理学将其强烈的光芒洒向来世，这样做并不是为了照亮它，而是为了使其枯萎然后死亡，从而揭示来世产生的根源——焦虑。

我对于科学有自己的信仰，那就是没有什么是科学方法所不能揭示的。它所带来的启示和见解极大地增加了我的生活乐趣。我的信仰尊重人类集体智慧的强大能力，它最初以编造神话的方式来探索如何理解事物，而现在赋予了我们理解的能力。乐观地说，只要给予人类充足的时间并加强彼此之间的合作，那么人类的集体智慧将会创造无限的可能。科学方法是常识与诚实的结晶，而其发现启发了整个世界。编造神话是一种充满绝望的消遣，人们渴望追求真理但却未能成功，而科学方法的诠释为获取真理打下了坚实的基础，为人类的未来指明了方向。

译名对照表

阿佛洛狄忒 Aphrodite

阿瑞斯 Ares

阿赫 *Akh*

阿尔茨海默病 Alzheimer's disease

胺 Amines

暗物质 Dark matter

《奥义书》*Upanishad*

奥卡姆 Occam

奥西里斯 Osiris

爱尔兰大饥荒 Potato famine

巴 *Ba*

白矮星 White Dwarf

大爆炸 Big Bang

钝口螈科 *Ambystomatidae*

无千禧年论 Amillennialism

《唱赞奥义书》*Chandogya Upanishad*

创世神话 Creation myths

《创世记》*Genesis*

粗肌丝 Thick filament

雌核发育 Gynogenesis

次级卵母细胞 Secondary oocyte

袋狸 Bandicoots

单性生殖 Parthenogenesis

狄奥多西·多布然斯基 Dobzhansky, T.

第一极体 First polar body

大灾难 Tribulation

单倍体细胞 Haploid cell

度规 Metric

得墨忒耳 Demeter

第二次降临 Second Coming

二倍体细胞 Diploid cell

厄洛斯 Eros

二磷酸腺苷 Adenosine diphosphate（ADP）

分娩 Childbirth

弗朗西斯·克里克 Crick, F.

伏尔甘 Vulcan

分子生物学 Molecular biology

范式转移 Paradigm shift

腐胺 Putrescine

钙离子 Calcium ions

黑矮星 Black Dwarf

赫菲斯托斯 Hephaestus

后千禧年论 Postmillennialism

红巨星 Red Giant

精细胞 Spermatid

精母细胞 Spermatocyte

精原细胞 Spermatogonia

肌球蛋白 Myosin

肌钙蛋白 Troponin

肌动蛋白 Actin

绝对平直时空 Dead flat space-time

减数分裂 Meiosis

卡维拉印第安人 Cahuilla Indians

克瑞斯 Ceres

克洛诺斯 Cronos

卡洛拉 Karora

历史的前千禧年论 Historical premillenialism

《罗杰教授的版本》 *Roger's Version*

《梨俱吠陀》 *Rigveda*

密码子 Codon

母宇宙 Mother universe

穆卡特 Mukat

木乃伊化 Mummification
"末日四驴" Donkeys of the
　　Apocalypse
末世事件 Last Things
牛顿冷却定律 Newton's law of
　　cooling
卵母细胞 Oocyte
鸟嘌呤 Guanine
配子 Gamete
帕尔米特卡武特 Palmitcawut
普朗克时间 Planck time
丘比特 Cupid
染色单体 Chromatid
染色质 Chromatin
染色体 Chromosome
尸冷 Cadaver cooling
尸胺 Cadaverine
尸冷 *Algor mortis*
尸斑 Post mortem lividity
尸僵 *Rigor mortis*
神创论 Creationism

善恶大决战 Armageddon
圣甲虫 Scarab
时空连续性 Continuity of space-
　　time
末世论 Eschatology
三磷酸腺苷 Adenosine triphos-
　　phate（ATP）
脱氧核糖核酸 DNA
塔奥罗 Ta'aroa
提送信徒升天 Rapture
无性生殖 Asexual reproduction
无中生有的创造 Creation *ex nihilo*
无序扩散 Dispersal in disorder
维纳斯 Venus
微管 Microtubule
无中生有 *Ex nihilo*
乌拉诺斯 Ouranos
细胞质 Cytoplasm
腺嘌呤 Adenine
胞嘧啶 Cytosine
胸腺嘧啶 Thymine

细肌丝 Thin filament

血纤维蛋白原 Fibrinogen

血纤维蛋白溶酶 Fibrolysin

厌氧生物 Anaerobic organism

原始宇宙 Ur-universe

约翰·厄普代克 Updike, J.

宇宙蛋 Cosmic egg

原肌球蛋白 Tropomysin

有丝分裂 Mitosis

最后审判 Last Judgement

詹姆斯·沃森 Watson, J.

中心粒 Centriole

着丝粒 Centromere

招魂说 Spiritualism

子宇宙 Daughter universe

杂合发育 Hybridogenesis

智慧设计论 Intelligent Design